黑龙江建筑职业技术学院
国家示范性高职院校建设项目成果

国家示范性高职院校工学结合系列教材

# 建筑工程电气设备施工技术

（建筑装饰工程技术专业）

周晓萱 主编
王 钢 主审

中国建筑工业出版社

**图书在版编目（CIP）数据**

建筑工程电气设备施工技术/周晓萱主编．—北京：中国建筑工业出版社，2010
国家示范性高职院校工学结合系列教材（建筑装饰工程技术专业）
ISBN 978-7-112-11756-7

Ⅰ．建… Ⅱ．周… Ⅲ．建筑安装工程-电气设备-工程施工-高等学校：技术学校-教材 Ⅳ．TU85

中国版本图书馆 CIP 数据核字（2010）第 010392 号

本教材从两个方面阐述了建筑电气设备在室内装饰设计及施工中的应用问题。第一是基础篇，通过对光学基础知识的论述，使学生了解光源与电气设备的关系，并根据光源的工作特性，掌握光源在不同的环境下，可以发挥不同的使用功能，以及通过照度的计算，恰到好处把握光源的数量，使之初投资最少，运行功率最小，既达到国家规定的照度要求，又能得到满意的艺术效果；第二是工程篇，以实际工程为切入点，通过描述工程中所涉及的任务，使学生掌握建筑电气安装的基本方法，理解安全用电的重要性，掌握建筑电气设备在室内装饰设计与施工的操作规程。

本教材可作为建筑装饰工程技术专业的教材，也可以作为建筑类专业如建筑学、室内设计技术、环境艺术设计等专业的教材或教学参考书，还可作为建筑装饰与室内设计行业的技术人员、管理人员的继续教育与培训参考书。

* * *

责任编辑：朱首明　杨　虹
责任设计：赵明霞
责任校对：赵　颖　陈晶晶

国家示范性高职院校工学结合系列教材
**建筑工程电气设备施工技术**
（建筑装饰工程技术专业）
周晓萱　主编
王　钢　主审

*

中国建筑工业出版社出版、发行（北京西郊百万庄）
各地新华书店、建筑书店经销
北京密云红光制版公司制版
北京建筑工业印刷厂印刷

*

开本：787×1092毫米　1/16　印张：7　字数：200千字
2010年8月第一版　2018年9月第三次印刷
定价：**16.00**元
ISBN 978-7-112-11756-7
(19008)

# 前　　言

本书是高等职业技术院校建筑装饰工程技术专业的工学结合教材之一，以工学结合为导向，将电路知识和光学理论融会贯通于照明及施工技术之中，学生通过基础篇和工程篇两部分的学习，能够真正理解建筑工程与建筑电气设备施工的关系。

从学科的角度看，建筑工程电气设备施工技术是一门综合性的学科，如果说数学、物理学、化学等是它的基础学科，那么建筑学、施工技术、声学、热学、美学、心理学、生理学，建筑装饰技术、建筑安装技术等专业则是它的边缘学科，可以说建筑工程电气设备施工技术是一门新兴的应用性综合学科。

随着社会经济的不断发展和人民生活水平的不断提高，人们对居住环境的要求也从满足生活需求，到追求安全、适用、经济、时尚。目前我国的建筑正向着新材料、新设备、新能源及建筑工业化施工的方向发展。所以作为一名专业人员，需具有扎实的基础理论和实践能力，才能适应现代化进程的需要。

本教材由黑龙江建筑职业技术学院环境艺术学院周晓萱主编，黑龙江高技建筑装饰工程有限公司总经理、高级工程师王钢主审。为完成《建筑工程电气设备施工技术》工学结合教材的编写工作，专门成立了建筑装饰工程技术专业《建筑工程电气设备施工技术》工学结合教材编写组，编写组成员为：黑龙江建筑职业技术学院环境艺术学院李宏主任，北京鼎跃建筑装饰工程公司潘延成工程师，哈尔滨麻雀装饰工程公司藏才明工程师，黑龙江建筑职业技术学院王华欣副教授以及黑龙江高技建筑装饰工程有限公司部分技术人员。其中李宏主任设计了教材编写的总体框架，潘延成工程师、藏才明工程师负责提供部分工程图片，黑龙江高技建筑装饰工程有限公司部分技术人员负责现场技术支持，王华欣副教授负责部分资料的提供。

由于作者水平有限，在编写的过程中可能会出现一些不当之处，恳请广大读者提出宝贵意见。

编　　者

2009年9月

# 目　　录

# 第一篇 基 础 篇

## 基础知识一 光学基础理论

光是人类居住环境的要素，灯光是建筑艺术的灵魂，人类的生活天天与光相伴，照明质量直接关系到人们工作效率和身心健康。建筑与灯光息息相关，可以说灯光给我们的居住环境创造了光明、舒适、绚丽、和谐的光环境。

### 一、光的本性

经过科学家的不断探索和研究认为：光是物质存在的一种形式，它和其他实物一样，是存在于人们主观感觉之外的客观实在。到了19世纪，根据对光现象的观察和研究，科学家证明了光的直线传播和光的衍射效应，并且提出过多种对光本性的学说，但是能被现代科学证实的只有两种学说。

（一）光子学说

光子学说认为：光是以一份一份集中能量的形式从辐射光源发射，并在空间传播及与物质发生作用，这一份一份的光被称为光子。光子具有动量和能量，它在空间占有一定的位置，并作为一个整体以光速在空间移动。

（二）电磁波学说

电磁波学说认为：光是一种电磁波，它具有电磁波的一切特性，但由于波长的不同，它也有自己的特性。

光的电磁波学说和光子学说均得到许多科学实验的证实。这说明光具有波动性和粒子性，在传波现象中主要表现波动性。如同具有动能和动量的物体一样，在碰撞中这两个量是守恒的。就波长而言，波长长的光显波动性，波长短的光显粒子性。

从物理学的角度可以看出：光是属于在一定波长范围内，以电磁波的形式传波的一种电磁辐射。电磁辐射时的波长范围很广，将电磁波按波长排列顺序依次展开布置，称为电磁波谱。如图1-1所示，在电磁波谱中对于波长在380～780nm范围内的电磁波，能够以光的形式作用于人们的视觉器官，并产生视觉的一段波称为光谱。波长从380nm到780nm增加时，光的颜色将从紫色开始，并按蓝绿黄

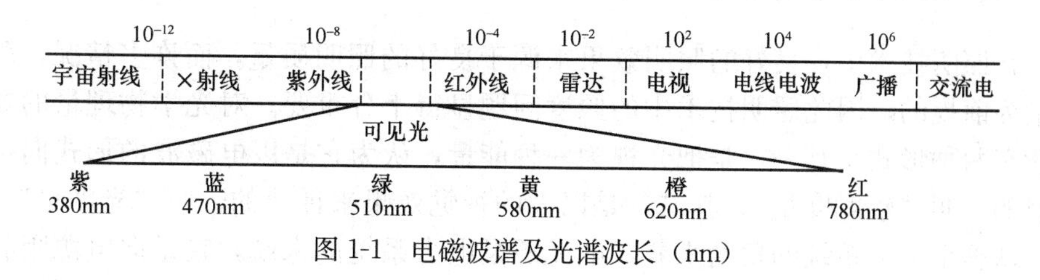


图1-1 电磁波谱及光谱波长（nm）

橙红的顺序变化，波长小于380nm的一段波叫紫外线，波长大于780nm的一段波叫红外线。这两段波虽然不能引起人们的视觉，但它的特性已应用于科研、医疗等方面。

由于眼睛对各种波长的光灵敏程度不同，可见光在人眼中引起的光感也是不同的，各种颜色的波长区间不是截然分开的，而是由一种颜色逐渐减少，另一种颜色逐渐增加渐变而成的。在可见光谱范围内红色中心波长为700nm，波长范围780～640nm之间；橙色中心波长为620nm，波长范围640～600nm之间；黄色中心波长为580nm，波长范围600～560nm之间；绿色中心波长为510nm，波长范围560～480nm之间；蓝色中心波长为470nm，波长范围480～450nm之间；紫色中心波长为420nm，波长范围450～380nm之间。

由单一波长组成的光，或者说只表现一种颜色的光称为单色光，如红、橙、黄、绿、青、蓝、紫。由于人的视觉器官感觉能力的局限性，人们是看不到单色光的。由不同波长组成的光，称为复色光。全部可见光混合在一起就形成日光。由于人的视觉器官感觉能力的局限性，人们是看不到单色光的，只有在多棱镜下才能分离出单色光。各种光源产生的光至少要占据很窄的一段波长，某种单色光的成分多与少，可显示出光的不同颜色，例如：白炽灯含红光的成份较多，高压汞灯含蓝色光的成份较多，而激光最接近单色光。

### 二、光的视觉特性

人眼对不同波长光的感觉具有不同的灵敏度，如白天或光线充足的地方，人眼对波长为555nm的黄绿光感觉最舒适，当各种波长不同，而辐射能量相同的光相互比较时，人眼感到黄绿光最亮。在光线暗的情况下，为了能够看清物体，眼睛就会通过视网膜和虹膜的视觉细胞作用进行调节。例如：人从明亮的地方忽然进入到黑暗的空间时，我们的眼睛就会忽然感到似乎处于失明状态，这是因为人的眼睛不能同时适应明暗两种极端的视度，虽然几分钟后眼睛能适应黑暗但要完全适应，大约需要3分钟的调节时间，这种视觉特性叫做暗适应，在美术馆的照明设计中经常运用暗适应的特性。进口处明亮，随着向室内的深入，慢慢的降低照度，通过让眼睛适应亮度变暗，即使不提高展室的照度，也能够让参观者清楚地看到展品。同时防止了光能损伤展品。但对视力下降的老人来讲这种方法不可取。所以，照明技术和视觉是密切相关的。

人眼对光的视觉有三个最主要的功能：①识别物体的形态（形状感觉）；②识别物体的颜色（色觉）；③识别物体的亮度（光觉）。

### 三、光的基本度量单位

在照明技术中，良好的照明效果来源于良好的照明质量，而许多情况，质是以量为前提的，因此照明技术中的照度问题显得十分重要。对光学物理量的处理一般有两种形式，其一，是把光视为一种能量，认为它是以电磁波的形式向空间辐射的，叫“辐射度量”；其二，是以人的视觉效果来评价的，叫“光度量”。另外，从整个电力系统的角度来看，电光源是电力系统的末端，它是向电源吸收能量的，它的能量标准可以与电力系统的能量标准一致，是瓦特（即 W）。而从照明系统的角度来看，电光源又是照明系统的首端，它把自身得到的能量向周围空间发射，并将电能转化成光能，为人们提供良好的视觉环境。所以电光源本身具有双重性质。由此引出一个新的度量光的单位“基本光度量单位”。

（一）光通量

前面已经提到人眼对 555nm 的光波最敏感，所以人眼对接近 555nm 的光源感觉很明亮，光通量是指单位时间内光源向周围空间辐射能量的大小，它是根据人眼对光的感觉来评价的。如一个 40W 的白炽灯和一个 40W 的荧光灯，它们同样是向电力系统吸收 40W 的能量，而给人的感觉却不同，由于白炽灯的波长大大超过了 555nm，红光的成分较多，所以给人的感觉光线较暗；而荧光灯的波长接近 555nm，蓝绿光的成分较多，所以感觉光线比白炽灯亮得多。因此，可将光通量定义如下：“在单位时间内光源向周围空间辐射出去的，并使人眼产生光感的能量，称为光通量”。用符号 $\Phi$ 表示；单位为流明（lm）；方向：由光源指向被照面。（对于设计或安装中所使用的光源和照明器，它们的光通量是厂家测定的，并在产品说明书中给出）。

（二）发光强度

桌上有一盏台灯，当有灯罩时桌面上的亮度要比没有灯罩时亮得很多，表面上看好象有灯罩时的光通量要比没有灯罩时的光通量大，但实际上，光源所发出的光通量并没有增加，只是因为光源在灯罩的作用下，光通量在空间的分布情况有了改变，所以在照明技术中，不但要知道光源发出的光通量，还必须了解光源在各个方向的分布情况。故引出一个新的物理量“发光强度”，定义如下：光源在某一特定方向上，单位立体角内（每一球面度内）的光通量，称为光源在该方向上的发光强度。用符号 $I_\theta$ 表示，单位为 cd（坎德拉）。

$$I_\theta = \frac{\Phi}{\omega} \tag{1-1}$$

式中　$I_\theta$——光源在 $\theta$ 角方向上的发光强度（cd）；

$\Phi$——球面 A 所接收的光通量（lm）；

$\omega$——球面 A 所对应的立体角（sr）。

（三）照度

照度是用来表示被照面上光的强弱，即单位面积上所接收的光通量，称为该被照面的照度，用符号 $E$ 表示，单位为勒克斯（lx）。

$$E = \frac{\Phi}{A} \tag{1-2}$$

式中　$E$——表示被照面 A 上的照度（lx）；

$\Phi$——表示被照面上所接受的光通量（lm）；

$A$——表示被照面积（$m^2$）。

照度的单位 1lx 表示在 $1m^2$ 的面积上均匀分布 1lm 的光通量，或一个光强为 1cd 均匀发光点的光源，以它为中心，在半径为 1m 的球面上各点所形成的照度值。

1lx 的照度是很小的，在此照度下我们仅能大致辨认周围物体的轮廓，而要区别细小零件的工作是很困难的，表 1-1 给出了照度的一些概念。

**各种表面的照度** **表 1-1**

| 表　　面 | 照度（lx） | 表　　面 | 照度（lx） |
|---|---|---|---|
| 无月之夜的地面上<br>月夜里的地面上 | 0.002<br>0.2 | 晴天室外太阳散射光<br>（非直射）下的地面上 | 1000 |
| 中午太阳光下的地面上 | 10000 | 白天采光良好的室内 | 100～500 |

（四）亮度

在日常生活中有这样一种现象，在房间同一位置并排放置白色和黑色的两个物体，虽然照度相同，但人眼感觉白色物体亮得多，这说明被视物体表面的照度并不能直接表达人眼对它的视觉感，而人眼的视觉是由被视物体的发光、反射、透射在眼睛的视网膜上形成照度。产生的照度越高，眼睛感觉越亮。白色物体比黑色物体反射光要高得多，所以感觉白色物体比黑色物体亮得多。

（五）光通量、发光强度、照度、亮度的关系

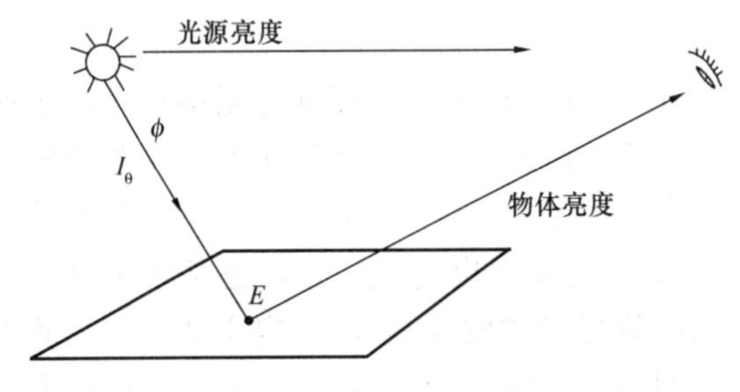


图 1-2　光度单位关系图

光通量、发光强度、照度、亮度，它们从不同的角度表达了物体的光学特性，图 1-2 表示出了这四个光度单位之间的关系。

光通量由光源辐射到工作面后使人眼产生视觉，光通量越大视觉越清晰，照度越高；同理，同样多的光通量，辐射到比原工作面大的工作面上，则视觉的清晰度会减小，产生的照度就会低。从关系式 1-1、1-2 可以看出，光通量与发光强度成正比，光通量与照度成正比，与工作面的大小成反比，所以，发光强度与照度也成正比。光源发出的光通量对周围空间的辐射，使物体产生反射和透射，光通量大，对周围空间的辐射能量就强，亮度就高，所以光通量与亮度成正比。综上所述，光通量、发光强度、亮度、照度的关系是：照度与光通量成正比，与发光强度成正比，与亮度成正比。

**练习题**

1. 光的本性是什么？
2. 光的两种学说的内容是什么？
3. 什么是光的视觉特性？
4. 简述照明的美学问题。
5. 为什么要制定光的度量单位？
6. 分析照度的理论公式与工程公式的区别。
7. 分析光通量与照度的关系。
8. 颜色视觉的基本特征。

# 基础知识二　电　光　源

凡是可以将电能转化成为光能，并能长期稳定地向人们提供光通量的设备称为电光源。按照维持物体发光时外界输入能量的形式分，电光源可分为两种形式：第一种形式叫热辐射光源：物体在发光过程中，内部能量不变，只能通过加热来维持它的温度，物体发光便可以不断地进行下去，物体温度越高发出的光就越亮，如：白炽灯和卤钨灯。第二种形式叫气体放电光源：物体发光过程中要依靠激发电子的过程来获得能量，维持发光。实践证明物体以热辐射的形式发光时，效率较低，这是由于在物体发光的同时，还有相当一部分能量以热的形式跑掉了，而物体靠激发电子的形式发光则效率较高，因为物体在这种条件下，发光损失的热能较少，几乎吸收的能量全部用来发光。

## 一、电光源的技术指标

（一）额定值

额定值是电器设备标牌上所标注的数据，它必须遵从国家制定的用电等级。

（1）额定电压：指规定的电源工作电压。我国的民用电压为220V，是国家根据国内有色资源而制定的。

（2）额定电流：在额定电压下流过导体的电流。

（3）额定功率：电器产品在额定工作电压的条件下所消耗的有功功率。

（4）额定光通量：指电光源在额定工作电压条件下发出的光通量。

（5）额定发光效率：指电光源在额定工作电压条件下，每消耗1W功率的电能所发出的光通量。

（二）寿命

光源的寿命指标有三种：全寿命、有效寿命、平均寿命。

（1）全寿命：从光源开始使用到光源完全不能使用的全部时间。

（2）有效寿命：从光源开始使用到光源的发光效率下降到初使值的70%为止的使用时间（精细工作场所应考虑有效寿命）。

（3）平均寿命：每批抽样产品寿命的平均值（一组试验样灯从点燃到有50%的灯失效所经历的时间）。

（三）光色

光源的光色有两方面的含意，即色温和显色性。人眼直接观察光源时所看到的颜色，或者说是光源表面的颜色，称为光源的色表，也叫色温。色温指把黑体加热到某一温度时，所发出光的颜色与某种光源所发出光的颜色相同，这个温度就称为该光源的色温。色温能够恰当地表示出热辐射光源发光时的颜色，而气体放电光源则要采用相关色温的对比来描述它发光时的颜色，相关色温近似于黑体在某一温度的发光颜色。所以光色只能粗略地表示气体放电光源的颜色。表1-2列出了常用电光源的色温。

**常用电光源的色温** **表 1-2**

| 光 源 | 色温（K°） | 光 源 | 色温（K°） |
|---|---|---|---|
| 白炽灯 | 2800～2900 | 荧光高压汞灯 | 5500 |
| 卤钨灯 | 3000～3200 | 高压钠灯 | 2000～2400 |
| 日光色荧光灯 | 4500～6500 | 金属卤化物灯<br>钠铊铟灯 | 5500 |
| 白光色荧光灯 | 3000～4500 | | |
| 暖白色荧光灯 | 2900～3000 | 镝 灯 | 5500～6000 |
| 氙 灯 | 5500～6000 | 卤化锡灯 | 5000 |

**常用电光源的色调** **表 1-3**

| 光 源 | 色 调 | 光 源 | 色 调 |
|---|---|---|---|
| 白炽灯卤钨灯 | 偏红色光 | 荧光高压汞灯 | 淡蓝—绿色光，缺乏红色成份 |
| 白光色荧光灯 | 与太阳光相似的白色光 | 金属卤化物灯 | 接近于日光的白色光 |
| 高压钠灯 | 金黄色光、红色成份偏多、蓝色成分不足 | 氙 灯 | 非常接近于日光的白色光 |

色温不同，光源发出的光色也不同，根据光源的色温和它们的光谱能量分布，在表 1-3 中列出了常用电光源的颜色特性（色调）。

显色性是指光源所发出的光通量照射到物体上所产生的客观效果，在照明技术中常用 $R_a$ 来表示光源的显色性。在自然光下 $R_a=100$。表 1-4 列出了常用光源的显色指数。光源的显色指数与周围的环境有着密切的联系，显色指数 $R_a$ 的值只能作为颜色显现真实程度的一种度量，并不意味着 $R_a$ 值较低的光源颜色的显现会不理想。例如：在 $R_a$ 值较低的光源照射下，皮肤或其他物体色会显得更加鲜亮，从这个意义上说不同显色指数的光源用于不同的场所可以达到不同的效果。表 1-5 列出了光源一般显色指数的类别与范围。

**常用电光源的一般显色指数 $R_a$** **表 1-4**

| 光 源 | 显色指数（$Ra$） | 光 源 | 显色指数（$Ra$） |
|---|---|---|---|
| 白 炽 灯 | 97 | 高压汞灯 | 22～51 |
| 日光色荧光灯 | 80～94 | 高压钠灯 | 20～30 |
| 白光色荧光灯 | 75～85 | 金属卤化物灯、钠铊铟灯 | 60～65 |
| 暖白色荧光灯 | 80～90 | | |
| 卤钨灯 | 95～99 | 镝 灯 | 85 以上 |
| 氙 灯 | 95～97 | 卤化锡灯 | 93 |

**光源一般显色指数类别与范围** **表 1-5**

| 显色类别 | | 一般显色指数范围 | 适用场合举例 |
|---|---|---|---|
| Ⅰ | A | $Ra \geqslant 90$ | 颜色匹配、颜色检验等 |
| | B | $90 > Ra \geqslant 80$ | 印刷、食品分检、油漆、店铺、饭店等 |
| Ⅱ | | $80 > Ra \geqslant 60$ | 机电装配、表面处理、控制室、办公室、百货等 |
| Ⅲ | | $60 > Ra \geqslant 40$ | 机械车间、热处理、铸造等 |
| Ⅳ | | $40 > Ra \geqslant 20$ | 仓库大件金属库等价 |

光源色温和显色性没有必然的联系。因为具有不同光谱能量分布的光源可能有相同的色温。但显色性却可能差别很大。如荧光高压汞灯色温为5500K°，从远处看它发出的光又白、又亮、如同日光，但它的光谱能量分布却与日光相差很大，青绿光成分较多，而红光较少，被照的人或物体显得发青，即显色性差（*Ra*：22～51）。

光色对视觉有很大的影响，实验证明，只有自然光下才能产生正确的颜色视觉，不同光谱的光源可获得不同的颜色视觉。

## 二、常用电光源的结构指标

电光源的结构指标主要描述的是电光源灯头的形式、结构特点，这对于灯头的安装有指导作用。电光源灯头的形式主要分为螺旋式和插口式（常指圆形灯）。

1. 螺旋式灯头表示形式

AB/CD

A——灯头的形式，螺旋式灯头用E表示；

B——表示螺纹外圆的直径，单位mm，双接触片的灯头加符号d表示；

C——表示灯头的高度，单位mm；

D——灯头裙边的直径，没有裙边的不表示。

例如：E27/35×30　表示：螺旋式灯头，螺纹外圆的直径为27mm，灯头的高度35mm，灯头裙边的外径为30mm。

2. 插口式灯头表示形式

ABd/CD

A——灯头的形式，插口式灯头用B表示；

B——插口式灯头圆柱体直径；

d——灯头的接触片数；

C——灯头高度；

D——灯头裙边的直径，没有裙边的不表示。

例如：B22 2/25×26　表示：插口式灯头，灯头圆柱体直径为22mm，灯头的接触片数为2；灯头高度25mm；灯头裙边的直径为26mm。

3. 电光源的颜色特征代号：

RR：日光色；RL：冷白光；RN：暖白光；RC：绿色光；RH：红色光；RP：蓝色光；RS：橙色光；RW：黄色光。

## 三、民用建筑中常用的电光源

（一）白炽灯

1. 白炽灯的工作特性

（1）白炽灯的工艺简单，造价低，安装方便，便于调光，没有附件。

（2）显色性好，应急性强，适用范围广，可以和各种灯具组合照明。

（3）白炽灯的光效低，点灯的总功率一部分被灯头和泡壳吸收，另一部分被填充的气体和导线的传热所消耗，所以照明的能量很低。

（4）平均寿命短，电压对白炽灯的寿命和光通量也有较大的影响。规程规定其工作电压不得偏移±2.5%。

(5) 白炽灯是纯电阻负载 ($\cos\theta=1$)，因为白炽灯的灯丝加热迅速，故适用于瞬时启动的场所。

(6) 可调光场所，和重要场所的应急照明。

(7) 白炽灯的光谱分布以长波光较强 (红光)，短波光较弱 (蓝光)，在选用时应注意。如果用于肉店可使肉色有新鲜感，但用于布店会使蓝布变紫造成视觉偏差。

(8) 白炽灯的灯丝冷态电阻比热态电阻小得多，故在瞬间启动时，由于启动电流可达到额定电流的 12～16 倍，故一个开关控制白炽灯的数量不宜过多，不能超过 20 个，最多不能超过 25 个。

2. 白炽灯的技术数据

白炽灯的技术数据可参见表 1-6。

3. 白炽灯的适用范围

白炽灯可以在任意方位下工作，当钨丝获得了可以点燃的电压，光源会立刻变亮，所以适用于任何场所和需要调光的场所，而且可以与其他光源发光材料配合使用。图 1-3 所示为白炽灯照明效果实例。

(a)

(b)

图 1-3 白炽灯的照明效果实例

**PZ 型普通照明灯泡技术数据** **表 1-6**

| 灯泡型号 | 额定值 电压 (V) | 额定值 功率 (W) | 额定值 光通量 (lm) | 灯头型号 | 外形尺寸 直径×长 (mm) | 平均寿命 (h) |
|---|---|---|---|---|---|---|
| PZ220-15 | 220 | 15 | 100 | E27/27 或 B22d/25×26 | Φ61×110 (108.5) | 1000 |
| PZ220-25 | | 25 | 220 | | | |
| PZ220-40 | | 40 | 350 | | | |
| PZ220-60 | | 60 | 630 | | | |
| PZ220-100 | | 100 | 1250 | E27/35×30 | Φ81×175 | |
| PZ220-150 | | 150 | 2090 | | | |
| PZ220-200 | | 200 | 2920 | | | |
| PZ220-300 | | 300 | 4610 | E40/45 | Φ111.5×240 | |
| PZ220-500 | | 500 | 8300 | | | |
| PZ220-1000 | | 1000 | 18600 | | Φ131.5×281 | |

(二) 碘钨灯

碘钨灯是卤钨灯系列的一种常用的新型热辐射电光源，是卤钨循环白炽灯的简称，它是在白炽灯的基础上加入卤族元素研制而成的。

1. 碘钨灯的构造

碘钨灯是由充入微量的卤素和氩气的石英玻璃管、支撑和固定灯丝的支架、灯丝、散热罩、引入和引出电流的引出线组成，如图1-4所示。

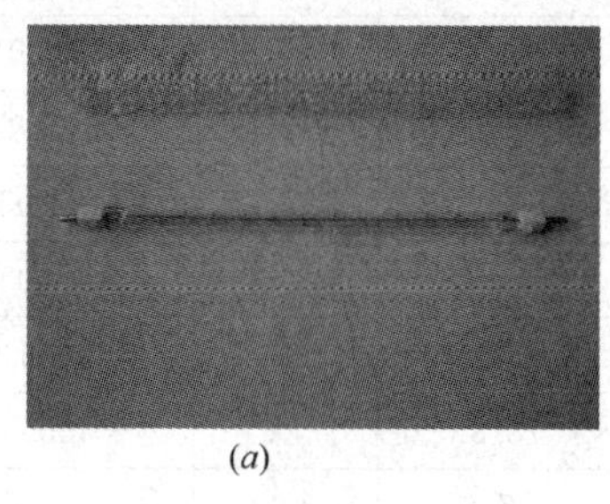
(a)

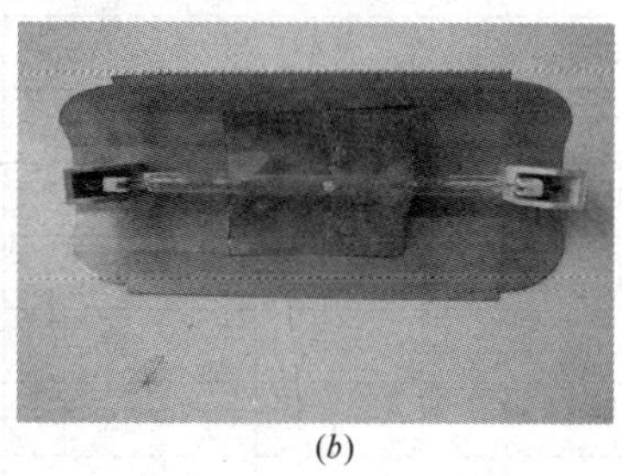
(b)

图1-4　碘钨灯构造

2. 碘钨灯的工作原理

各种型号碘钨灯的发光特性与白炽灯基本相同，通电后灯丝被加热到白炽化程度，在适当的温度下从灯丝蒸发出来的钨，在泡壁内与碘反应，形成挥发性的碘化钨分子。当碘化钨分子扩散到高温的灯丝周围区域时，便又分解成碘和钨。释放出来的钨，尘积在灯丝上，而碘分子再继续扩散到温度较低的区域与钨化合。由于碘属于“卤族元素”，我们把这一过程称为“卤钨循环”。

3. 碘钨灯的工作特性

（1）由于碘钨灯内加入了卤族元素中的碘，在使用过程中避免了灯丝蒸发出来的钨沉积在泡壳上，既增加了透光性，改善了光色，又提高了发光效率，稳定了光通量。

（2）由于碘钨循环，使钨蒸发的速度减慢，所以提高了使用寿命。

（3）由于碘钨循环，使卤钨灯稳定工作过程所用的时间较长，所以不适合做应急照明。

（4）由于卤族元素化合物是无色小分子量的气体，不吸收可见光，发光效率高，所以可用于大面积照明。

（5）由于碘钨灯对电压波动很敏感，电压过低则不发生卤钨循环，规程规定其工作电压不得偏移±2.5％。

4. 技术数据

双头石英卤素灯泡技术数据参考表1-7。

5. 碘钨灯的注意事项

（1）对于管型碘钨灯，安装时必须保持水平，因为灯管倾斜，灯的上部因缺乏卤素而不能维持正常的卤钨循环，使灯管很快发黑，严重影响寿命。所以倾斜角不能大于±4°。

（2）由于碘钨灯工作时，管壁温度很高，故应远离易燃、易爆的地方，也不能做任何人工冷却。

（3）卤钨灯应配专用的灯具。

双头石英卤素灯泡技术数据 表 1-7

| 种类 | 功率(W) | 电压(V) | 光通量(lm) | 长度(mm) | 灯 型 | 型 号 |
|---|---|---|---|---|---|---|
| 标准型 | 200 | 220～230 | 3200 | 117.6 | R79-15 | 200T3θ/CL |
| | 300 | 115～250 | 5100 | 117.6 | R79-15 | 300T3θ/CL |
| | 500 | 220～250 | 9000 | 117.6 | R79-15 | 500T3θ/CL |
| | 750 | 220～250 | 15500 | 189.1 | R79-15 | 750T3θ/CL |
| | 1000 | 115～250 | 22000 | 189.1 | R79-15 | 1000T3θ/CL |
| | 1500 | 115～250 | 34100 | 254.1 | R79-15 | 1500T3θ/CL |
| 强光省电型 | 100 | | 1650 | 78.3 | | 100T3θ/CLD |
| | 150 | | 2700 | 78.3 | | 150T3θ/CLD |
| | 200 | | 3520 | 117.6 | | |
| | 250 | | 5000 | 78.3 | | |
| | 300 | 110～250 | 5600 | 117.6 | | |
| | 500 | | 9900 | 117.6 | | |

6. 碘钨灯的适用范围

卤素（镍、钨）化合物是无色小分子量的气体，不吸收可见光，发光效率高，所以可用于大面积照明。图 1-5 所示为碘钨灯的照明效果实例。

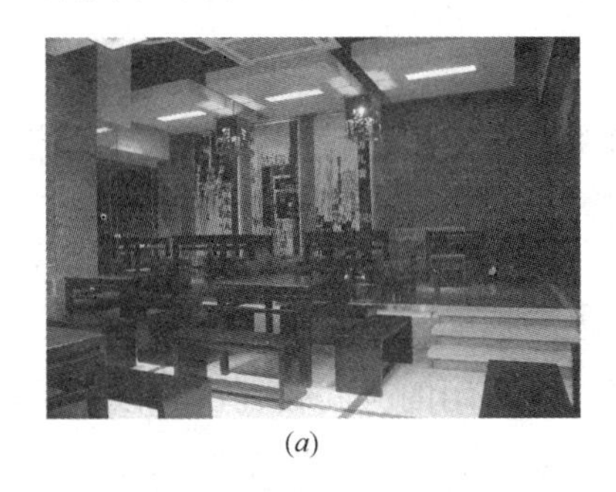

(*a*)

(*b*)

图 1-5　碘钨灯的照明效果实例

（三）荧光灯

荧光灯又称低压水银荧光灯，是第二代光源的代表作。是一种预热式低压气体放电光源，在最佳辐射条件下，可将输入功率的 20%转变为可见光，60%以上转变为 254nm 的紫外线，紫外线的辐射再激发灯管内壁的荧光粉而发出可见光。

1. 荧光灯的构造

荧光灯是由荧光灯管、镇流器、启动器组成的。

（1）荧光灯管：由灯头，热阴极和内壁涂有荧光粉的玻璃管组成，热阴极有发射电子的物质钨丝。玻璃管在抽成真空后充入气压很低的汞蒸气和惰性气体氩。在管内壁涂上不同配比的荧光粉，可制成日光色（RR）、冷白光（LR）暖白（NR）等荧光灯管。

（2）启动器：主要由膨胀系数不同的金属片和 U 型双金属片组成。金属片为静触点，U 型双金属片为动触点，它们装在一个充满惰性气体的玻璃泡内，当电极在冷态时是断开的，它在电路中起自动开关的作用。

（3）镇流器：在启动时产生一个高压脉冲，使灯管顺利启动，当线路接通以后，镇流器相当于一个电感元件，它在电路中可以起到限流的作用。

2. 荧光灯的工作原理

荧光灯工作电路如图 1-6 所示。合上开关 K，由于启动器冷态时，动触点和静触点是断开的，所以电源电压完全加在启动器动、静两个触点之间。启动器是一个小型的辉光灯，这时由于受热，动片伸张与定片接触便产生辉光放电。当触点接通，辉光放电停止，双金属片开始冷却，触点分离。在这一瞬间 RL 串联电路合成一个比线路电压高很多的电压脉冲，在它的作用下电极间发射电子形成级间放电，当电子受到激发的时候就会释放出可见光子。而镇流器作为一个电感元件起到了限流的作用，使电路中的电流稳定在某一个数值上。此时灯管两端的电压比线路的电压低很多。在这个电压下启动器不可能再产生辉光放电。正常工作以后日光灯电路相当于一个 RL 串联电路。荧光灯电路如图 1-7 所示。

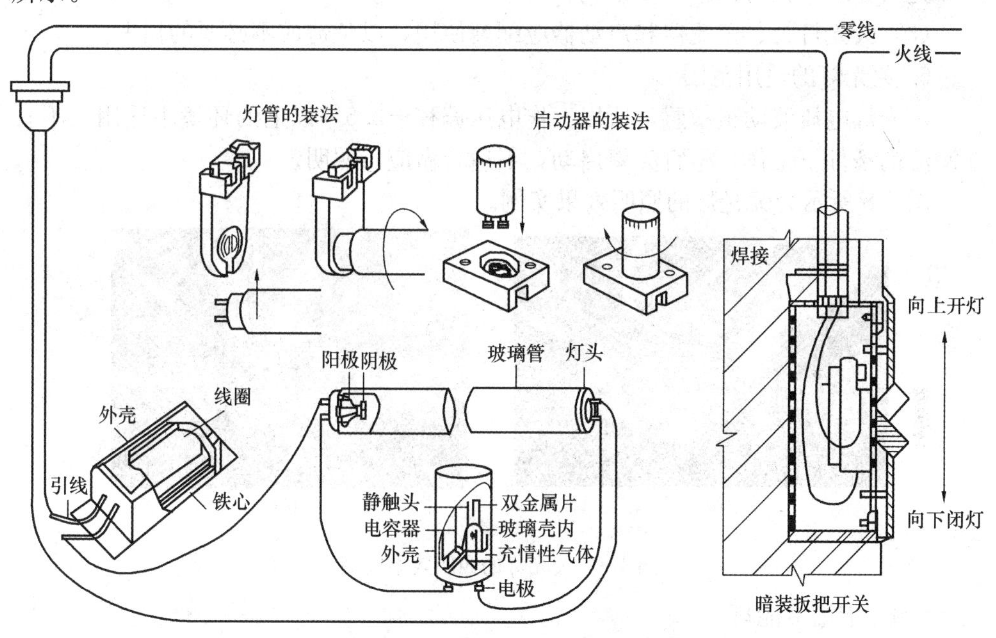


图 1-6　荧光灯工作电路

3. 荧光灯的工作特点

（1）光色好，光效高，温度低，寿命长，节约有功功率。

（2）普通荧光灯有日光色、冷白光、暖白光。光谱分析红光成分少，黄绿光成分多。

（3）电压波动时对参数有影响，不易在潮湿的条件下工作，不宜频繁启动，造价高，有附件，不适合做应急照明。

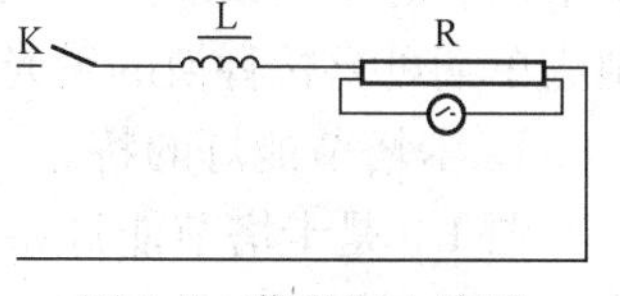


图 1-7　荧光灯电路图

4. 技术数据

直管形荧光灯管技术数据可参考表 1-8。

直管形荧光灯管技术数据 表 1-8

| 灯管型号 | 功 率 (W) | 工作电压 (V) | 工作电流 (A) | 启动电流 (A) | 灯管压降 (V) | 光通量 (lm) | 平均寿命 (h) |
|---|---|---|---|---|---|---|---|
| $YZ_{15}RR$<br>$YZ_{20}RR$ | 15<br>20 | 51<br>57 | 0.33<br>0.37 | 0.44<br>0.50 | 52<br>60 | 580<br>930 | 3000 |
| $YZ_{30}RR$<br>$YZ_{40}RR$ | 30<br>40 | 81<br>103 | 0.405<br>0.45 | 0.56<br>0.65 | 89<br>108 | 1550<br>2400 | 5000 |
| $YZ_{85}RR$<br>$YZ_{100}RR$<br>$YZ_{125}RR$ | 85<br>100<br>125 | 120±10<br><br>149±10 | 0.80<br>1.50<br>0.94 | 1.80 | 90 | 4250<br>5000<br>6250 | 2000 |

5. 注意事项

(1) 频繁启动会缩短灯的寿命。

(2) 环境温度低于 10℃或相对湿度超过 75%的环境启动困难，环境温度高于35℃光效下降；且对正常工作不利。

(3) 荧光灯管、镇流器和启动器应配套使用，以免造成不必要的损失。

6. 荧光灯的适用范围

荧光灯电压波动很敏感，所以工作电压偏移±2.5%以上的环境不适用。不宜在潮湿的条件下工作，不宜频繁启动，不适合做应急照明。

图 1-8 所示为荧光灯的照明效果实例。

(a)

(b)

图 1-8 荧光灯的照明效果实例

(四) 卡塔节能灯

随着科学技术水平的不断发展，根据使用的不同要求，现已生产出多种新型荧光灯，卡塔节能灯就是其中的一种系列产品，它以高效、节能、多样正在引领照明领域，以下简要介绍卡塔节能灯。

1. 卡塔节能灯的形式

卡塔节能灯的电子节能灯管有 U 型、环型、双曲型、H 型、双 D 型等，是近年来发展起来的紧凑型高效荧光灯，有的还将镇流器、启动器、灯管组装在一起，制成单端可直接替换的荧光灯。

2. 卡塔节能灯的特点

图 1-9 是卡塔节能灯系列，属于紧凑型荧光灯，它们造型独特，照度高且光线柔和，可用于展览馆、宾馆等场所。比一般的照明灯节能 80%，寿命是一般照

明灯的6～7倍。由于采用三基色荧光粉（红、绿、蓝），发光效果好，光线自然、柔和、稳定。采用高效电子整流器，显色指数高达80%以上，而且启动快捷、灯管更换简单方便。

3. 卡塔节能灯的技术数据

卡塔节能灯系列技术数据见表1-9。

ϕ7 Model:CT-4C ϕ7精灵小螺旋

ϕ7 2U Model:CT-SS2U 迷你小2U

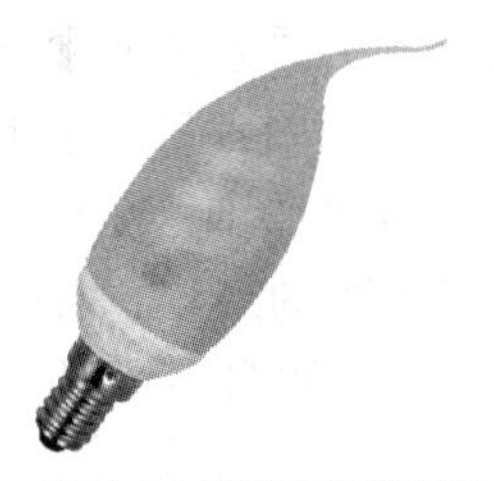
ϕ7 Model:CT-22B/C 蜡尾泡

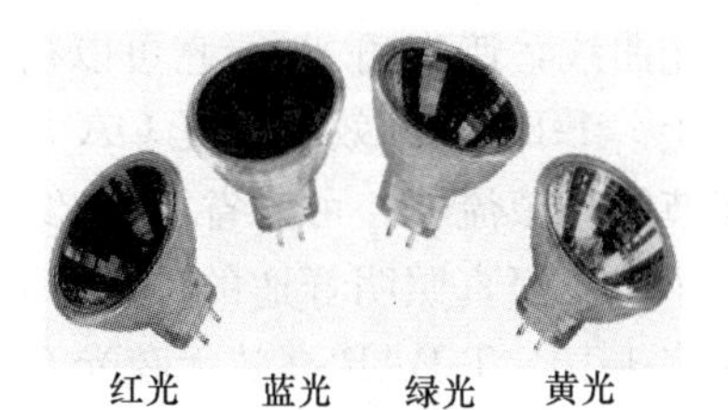
红光　蓝光　绿光　黄光

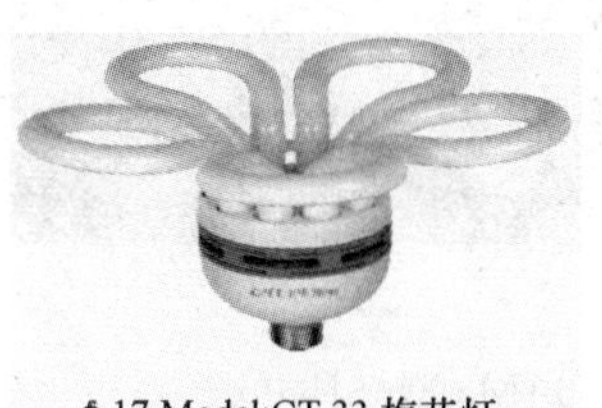
ϕ17 Model:CT-33 梅花灯

ϕ12 Model:CT-11 中球

图1-9　卡塔节能灯系列

**卡塔节能灯系列技术数据**　　**表1-9**

| 产品型号 | 功率(W) | 光通量(lm) | 灯头型号 | 色温(K°) |
|---|---|---|---|---|
| CT2U | 5 | 300 | E14/E27/B22 | 2700/6400 |
| | 7 | 420 | E14/E27/B22 | 2700/6400 |
| | 9 | 540 | E14/E27/B22 | 2700/6400 |
| | 11 | 660 | E14/E27/B22 | 2700/6400 |
| | 13 | 780 | E14/E27/B22 | 2700/6400 |
| | 15 | 900 | E14/E27/B22 | 2700/6400 |

注：此产品额定电压110/220V性能；显色指数：80；寿命：8000小时

4. 应用实例（见图 1-10）

(a)

(b)

图 1-10 卡塔节能灯系列照明效果实例

（五）T-BAR 高效无眩光 OAM5 型灯具

1. T-BAR 高效无眩光 OA M5 型灯具的特点

T-BAR 高效无眩光 OA M5 型灯具，具有独特的抛物状铝隔雾面导光灯罩，蝠翼形配光曲线，遮光角 33°，它可以精确地控制光线不会垂直地照射在电脑的视频显示器上。T-BAR 高效无眩光 OA M5 型灯具除提供使用者最舒适的照明环境外，采用节能型镇流器，可节省能源 22%，并搭配飞利浦高显色性自然色日光灯管，起到了色彩逼真照明舒适的作用，可作为办公室照明的最佳选择。其技术数据可参见表 1-10。T-BAR 高效无眩光 OA M5 型灯具结构如图 1-11 所示。

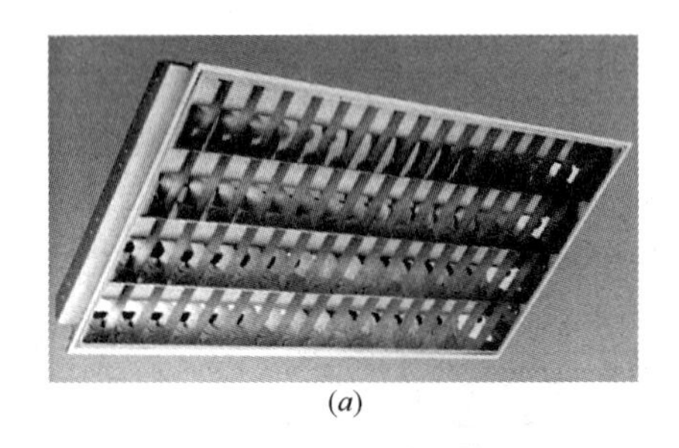

(a)

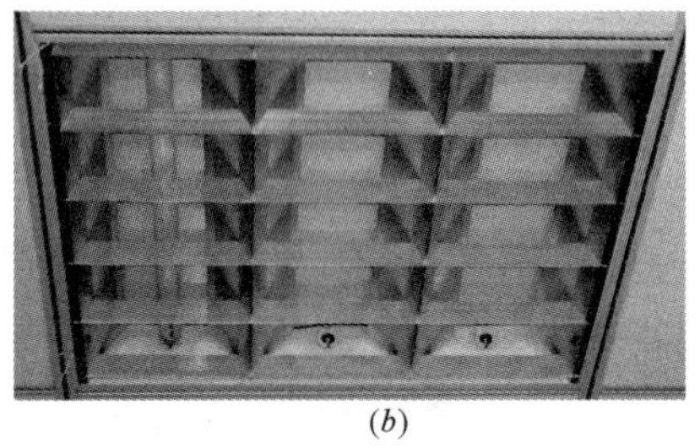

(b)

图 1-11 T-BAR 高效无眩光 OAM5 型灯具

**T-BAR 高效无眩光 OAM5 灯具技术数据**（50Hz） **表 1-10**

| 型 号 | 电 压 (V) | 主电流 (A) | 功 率 (W) | 功率因数 ($\cos\theta$) | 光通量比 ($\phi_1/\phi_2$) | 尺 寸 (mm) |
|---|---|---|---|---|---|---|
| TBS300 LH336 ICLL M5 A/I | 220 | 0.65 | 123 | 0.85 | 0.66 | 1197×597×95 (2′×4′) |
| TBS300 LH236 ICLL M5 A/I | 220 | 0.37 | 82 | 0.95 | 0.60 | 1197×297×95 (2′×4′) |
| TBS300 LH418 ICLL M5 A/I | 220 | 0.37 | 82 | 0.90 | 0.60 | 597×597×95 (2′×4′) |
| TBS300 LH318 ICLL M5 A/I | 220 | 0.34 | 64 | 0.60 | 0.60 | 597×597×95 (2′×4′) |

2. 应用实例（见图 1-12）。

（六）LED 软管霓虹灯

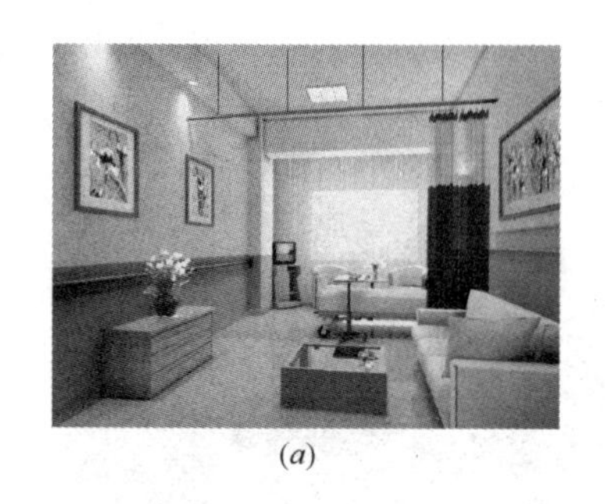
(a)

(b)

图 1-12　T-BAR 高效无眩光 OAM5 型灯具照明效果实例

“LED”是发光二极管的英文缩写。1962 年，通用电器制成世界上第一支发光二极管，1992 年日亚化学发明蓝光芯片，1997 年白光色 LED 等诞生；之后又生产出红、绿、黄三种颜色的 LED 光源。显色指数最高可达 85，光效可达 10lm/W 以上，不久 LED 光源将代替荧光灯和白炽灯正式进入照明行列。

1. LED 柔性霓虹灯的特性

（1）LED 柔性霓虹灯是一种采用特制的透明或彩色透明的 PVC 塑料以及特制超高亮度发光二极管（LED），运用特有的专利混光技术生产出来的，具有类似玻璃管霓虹灯连续发光效果的新型塑料软管灯。

（2）它结合了 LED 使用寿命长、节能省电、低压安全、色彩丰富、超高亮度、固态冷光源、绿色环保，以及塑料软管灯的柔性易弯曲、安装造型方便、抗冲击不易破碎、方便运输、防水抗紫外线等优点。

（3）可随意弯曲，可任意固定在凹凸表面；每隔 3 颗 LED 灯即可组成一回路；体积小巧，颜色丰富，广泛应用于楼体轮廓、台阶、展台、桥梁、酒店、KTV 装饰照明。

2. LED3020，3528，5060 防水软光条特点

（1）采用非常柔软的 PCB 板或 FPC 为基板，高亮度贴片 LED 为发光体，发光角度>120 度，发光体均匀地排布在条型线路板正面，外形非常纤薄小巧。

（2）每三个 LED 可以沿着上面切线任意截断由印制电路板组成，背面带进口 3M 胶，用于粘贴。可配固定夹，有红、黄、蓝、绿、白等多种光色可供选择，RGB 发光条配合控制器使用可发出多种炫目灯光效果。

（3）广泛应用于立体发光器、招牌、标识、广告灯箱等，作为发光源使用；该产品防水性能好，使用低压直流供电安全方便。5m/卷圆盘包装或 30～50cm/条。

图 1-13 为 LED 软管霓虹灯照明效果实例。

## 四、照明器型号的命名方法

国家标准局把灯具分成民用建筑照明器，工矿照明器，公共场所照明器，船用照明器，水面水下照明器，航空、陆上、交通照明器，防爆照明器，医疗、摄影、舞台、民用照明器等十三大类，对各大类再分成若干小类，已经作为国家标准发布的照明器型号命名方法有三项，即民用建筑、工矿及公共场所照明器的命

(a) (b) (c) (d) (e) (f)

图 1-13 LED软管霓虹灯照明效果实例

名方法，本书只介绍民用建筑照明器命名方法。

1. 国家标准中各类照明器的代号

见表 1-11。

**各类照明器的代号表** **表 1-11**

| 代　号 | 类　型 | 代　号 | 类　型 |
|---|---|---|---|
| M | 民用建筑照明器 | B | 防爆照明器 |
| G | 工矿照明器 | Y | 医疗照明器 |
| Z | 公共场所照明器 | X | 摄影照明器 |
| C | 船用照明器 | W | 舞台照明器 |
| S | 水面水下照明器 | N | 农用照明器 |
| H | 航空照明器 | J | 军用照明器 |
| L | 陆上交通照明器 | | |

2. 民用建筑照明器的灯种代号

见表 1-12。

民用建筑照明器的灯种代号表　　表 1-12

| 代　　号 | 灯　　种 | 代　　号 | 灯　　种 |
|---|---|---|---|
| B | 壁灯 | Q | 嵌入式顶灯 |
| C | 床头灯 | T | 台灯 |
| D | 吊灯 | X | 吸顶灯 |
| L | 落地灯 | W | 未列入类 |
| M | 门灯 | | |

3. 光源代号

见表 1-13。

光源代号表　　表 1-13

| 代　号 | 光 源 种 类 | 代　号 | 光 源 种 类 |
|---|---|---|---|
| 不注 | 白炽灯 | X | 氙灯 |
| Y | 荧光灯 | N | 钠灯 |
| L | 卤钨灯 | J | 金属卤化物灯 |
| G | 汞灯 | H | 混光光源 |

4. 型号组成

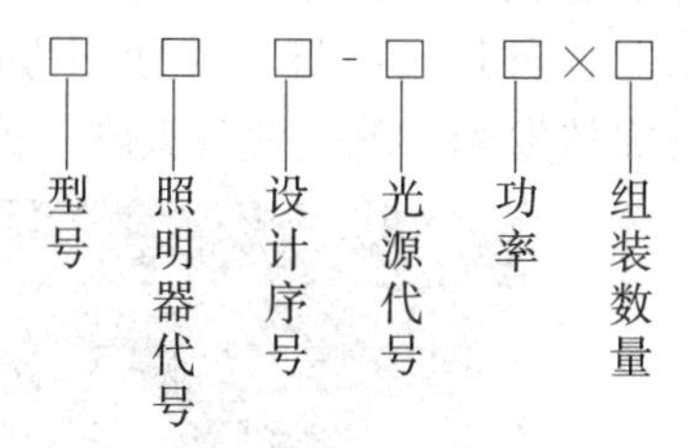


例：① MB1-40×2 民用建筑照明器壁灯，设计序号为 1，2 个 40W 白炽灯

② MX4-$Y_{1-2}$40×2 民用建筑照明器吸顶灯，设计序号为 4 双管 40W 荧光灯。

## 五、现代化灯具的发展动态

(一) 照明思想的转变

随着人类科学技术的不断发展，人们生活水平的不断提高，对于灯具的要求也从过去的照明型改变为时尚型，现代化灯具已进入家庭。人们明显感受到照明电器行业新产品、新技术的人性化特点，照明的概念已被发扬光大，人们追求光源的高效节能，注重灯具和照明系统的集成化技术的发展，并向多功能小型化、照明与装饰组成化、豪华高档化、崇尚自然化、多彩缤纷化、组合实用化、高科技化、多功能化、节能环保化的形式转化。近年来照明灯具行业的新产品不断问世，一种节能、护眼、长寿命的新型照明灯，“电磁感应灯”很快将走进家庭，其灯的亮度是节能灯的 2 倍，使用寿命可达 10 年，并解决了节能灯无法克服的频闪问题，并具有可调光性能，40W 的电磁感应灯售价 300 元左右。

（二）新型灯具纷至沓来

1. 利用遥控器切换不同的灯光场景的光源

一种只要把普通开关更换成智能开关面板，你就可利用遥控器切换不同的灯光场景。看书时，您可以按照事先设定的看书模式按情景遥控器的对应键；若想休息了，也可按自己设定的休息模式，一键即可让家中所有灯光同时熄灭，要是家里带跃层或是别墅，装上智能开关，不用上楼就能先开楼上的灯，或者在楼下就能关掉楼上的灯。按键可连续击打 2 万次以上；灯光有渐亮渐暗功能，不仅可以保护视力，而且避免强大电流对灯具的冲击，延长了灯具的使用寿命。图 1-14 是根据使用需要，调节亮度开关，使之产生与外界光线一致的灯光效果，人们根据顶棚灯光的强弱，便知道大概的时间，既有效节约了能源，又使人们享受到了灯光的妙趣。

2. 节电冷光灯

美国一家公司生产了一种节电冷光灯，其表面玻璃镀有一层银膜，银膜上又镀一层二氧化钛膜，两层膜结合在一起，可把红外线反射回去加热灯丝，让可见光透过，从而大大减少热损耗。这种 100W 的灯泡耗电量只相当于 40W 的普通白炽灯。

3. 热感应灯

日本一家公司推出一种热感应灯，在漆黑的晚上人踏入房间，这种灯感应到人体温度，便会自动亮起来。这种热感应灯不仅使用方便，而且还可防盗。比如夜晚窃贼摸入房中，感应灯突然发光，就会使其大吃一惊，立即逃走。

(a)

(b)

图 1-14 遥控器切换不同的灯光场景

4. 分子弧光灯

美国一家公司研制成一种与阳光几乎一样的人工照明光源，它可相当均匀地让所有颜色发出的连续光谱成为可见光，其光谱与中午的太阳光相同。这种灯的寿命约 5000 小时，可用于井下作业，改善矿工的身体。

5. 塑料荧光灯

日本一家公司研究成功用塑料生产荧光灯的技术，它是在透明塑料中加入荧光化合物制成塑料管，在管的内侧涂上荧光涂料，同时在管的外侧使之与等离子体发生聚合反应，形成一层特殊的薄膜制成塑料荧光灯。它与传统的玻璃管荧光灯相比，塑料荧光灯具有重量轻、不易碎、节电等优点。

6. 无极灯

美国加利福尼亚一家公司发明了一种不用灯饰或电极的新型灯。该灯与传统的白炽灯或荧光灯截然不同，不用灯丝和电极，而是将灯泡玻璃内涂上荧光粉，用一个高频的感应系统来激发其内部的水银蒸汽放电，产生出大量紫外线后，再照射在荧光粉上，从而使灯泡发光。由于灯内没有易损部件，因而使用寿命长达6万小时，而且比普通白炽灯节电3/4，适用于更换灯泡困难的地方，如高空、水下等。

**练习题**

1. 简述颜色视觉的基本特征。
2. 什么是电光源?
3. 简述电光源的分类。
4. 简述电光源的技术指标。
5. 怎样识别照明器的型号?
6. 简述白炽灯、卤钨灯的工作原理。
7. 叙述荧光灯的工作原理，并画出电路图。
8. 叙述荧光灯的注意事项。
9. 叙述卡塔节能灯的特点。

# 基础知识三 照度的计算

照度计算是照明设计中不可缺少的一个环节，它包括两个方面：第一、计算已知照明系统在被照面上产生的照度；第二、根据照度要求和照明器的布置，确定照明器的数量和光源的功率。这两种计算一般可以同时采用，只是在计算程序上稍有改变。通过照度的计算，可以恰到好处把握光源的数量，使之初投资最少，运行功率最小。照度计算包括一般照明照度的计算和装饰照明照度的计算。

## 一、一般照明照度的计算

照度计算是装饰照明的重要组成部分，是根据所需要的照度值，结合照明器的布置形式、房间各表面的反射条件及污染情况等决定光源的容量和数量。通过这种方法求出的照度称为“利用系数法”求照度。

利用系数可以通过查光源的利用系数表得到，但是若查到利用系数，需知道室空腔比RCR，顶棚有效反射率$\rho_{cc}$，墙面反射率$\rho_{w}$。我们把这三个量称为空间特征量。

（一）室空腔比

1. 室内空腔的划分

为了表征室内空间的特征，将房间分为三个空腔，其中位于照明器平面上方的空间称为顶棚空腔，顶棚空腔高度用 $h_{cc}$ 表示，工程上称之为“垂度”，位于照明器与工作面之间的空间称为室空腔，室空腔高度用 $h_{RC}$ 表示，工程上称之为“计算高度”位于工作面以下到地板的空间称为地板空腔，地板空腔高度用 $h_{fc}$ 表示，工程上称之为“工作面高度”，我们把这种分割空间的方法称为带域空腔法。三个空腔的关系如图 1-15 所示。

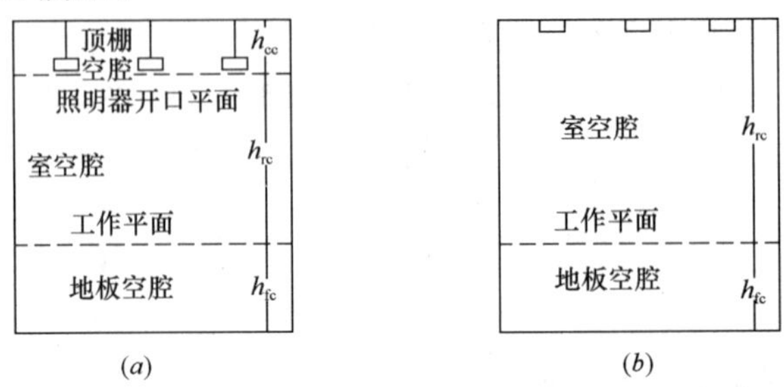


图 1-15 室内空腔划分

（a）悬吊式照明器的室内空间划分；

（b）吸顶式或嵌入式照明器的室内空间划分

2. 室内各空腔比工程公式

室内各空腔比的工程公式见式 1-3、1-4、1-5。查找利用系数只需要室空腔比。

（1）顶棚空腔比：
$$\mathrm{CCR}=\frac{5h_{cc}(a+b)}{a\times b}=RCR\,\frac{h_{cc}}{h_{Rc}} \tag{1-3}$$

（2）室空腔比：
$$\mathrm{RCR}=\frac{5h_{RC}(a+b)}{a\times b} \tag{1-4}$$

（3）地板空腔比：
$$\mathrm{FCR}=\frac{5h_{fc}(a+b)}{a\times b}=\mathrm{RCR}\,\frac{h_{fc}}{h_{Rc}} \tag{1-5}$$

（二）顶棚有效反射率

在有顶棚空腔（采用悬吊式照明器）时，照明器开口平面上方的空腔中，一部分光被吸收，另一部分光经过多次反射从灯具开口平面射出。为化简计算，把灯具开口平面看作一个具有有效反射率为 $\rho_{cc}$ 的假想平面，光在这个假想平面上的反射效果同在实际顶棚空间的效果等价，则假想平面的反射系数也就是顶棚空间有效反射率 $\rho_{cc}$，其计算公式如下：

$$\rho_{cc}=\frac{\rho A_0}{A_s-\rho A_s+\rho A_0} \tag{1-6}$$

式中 $A_0$——顶棚空间平面面积（$m^2$）；

$A_s$——顶棚空腔各表面面积之和（$m^2$）；

$\rho$——顶棚空腔各表面的平均反射率。

顶棚空间由五个表面组成，以 $A_i$ 表示第 $i$ 个面的表面积，以 $\rho_i$ 表示第 $i$ 个面表面的反射率，则平均反射率可由下式求出：

$$\rho=\frac{\Sigma\rho_i A_i}{\Sigma A_i} \tag{1-7}$$

式中 $\rho_i$——顶棚空腔内第 $i$ 个表面的反射率

地板空腔有效反射率

地板空腔与顶棚空腔性质一样，其有效反射率计算公式如下：

$$\rho_{fc}=\frac{\rho A_0}{A_s-\rho A_s+\rho A_0} \tag{1-8}$$

$$\rho=\frac{\Sigma\rho_i A_i}{\Sigma A_i} \tag{1-9}$$

式中　$A_0$——地面空腔平面面积（$m^2$）；

$A_s$——地面空腔内所有表面积之和（$m^2$）；

$\rho_i$——地面空腔内各第 $i$ 个表面的反射率。

（三）墙面反射率

房间开窗或装饰物遮挡会引起墙面反射率的变化，其墙反射率 $\rho_w$ 可按下式计算：

$$\rho_w=\frac{\rho_{w1}(A_W-A_P)+\rho_P A_P}{A_W} \tag{1-10}$$

式中　$A_W$——室空间墙面总面积（$m^2$包括窗的面积）；

$A_p$——窗或装饰物的面积（$m^2$）；

$\rho_{w1}$——墙反射率；

$\rho_P$——窗或装饰物的反射率。

（四）照明器的布置

1. 竖直方向的布置

$h_{cc}$为灯的垂度，照明规程规定取(0.3～1.5)m之间，常规取值为0.5m，举架较高(3.5m)以上取0.7m，举架在3m以下的房间可取0.3m或吸顶。$h_{fc}$：为工作面高度，照明规程规定取(0.7～0.8)m。$h_{RC}$为计算高度，$h_{RC}=H-h_{cc}-h_{fc}$。

2. 水平方向的布置

(1) 选择布置：根据工作场所或房间内的设备、设施的位置来决定。

注意事项：①必须满足照度要求；②布置恰当不产生眩光；③与建筑结构相协调，艺术格调一致；④检修方便。

(2) 均匀布置：不考虑工作场所或房间内的设备、设施的位置而将照明器有规律的排列，称为均匀布置，其方法有①矩形布置②正方形矩形布置③菱形布置，如图1-16所示。

均匀布灯是否合理主要取决于灯具间的距高比值是否合理。距高比指灯与灯

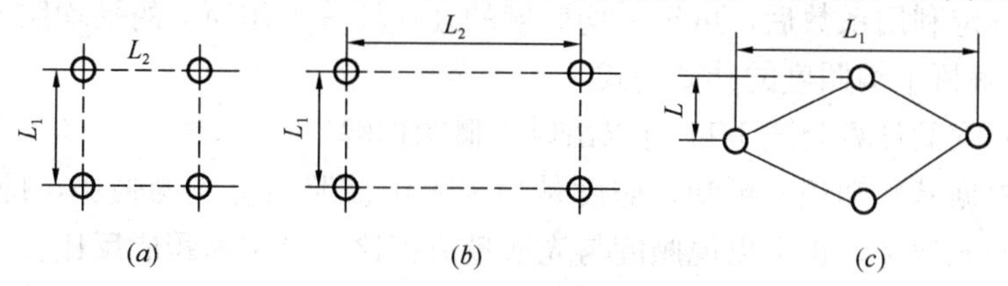


图1-16　均匀布灯的几种形式

(a) 正方形 (b) 矩形 (c) 菱形

之间的相对等效距离 $L$ 与灯具的计算高度 $h_{Rc}$ 的比值。实际布灯时距高比小于最大允许距高比值时，照度均匀度就能达到要求。

直管型灯具的距高比值有横向(B-B)和纵向(A-A)之分(见附表 10～附表 18)

$$L_{(A\text{-}A)} \leqslant (\text{最大允许距高比})_{(A\text{-}A)} \times h_{Rc}$$

$$L_{(B\text{-}B)} < (\text{最大允许距高比})_{(B\text{-}B)} \times h_{Rc}$$

灯与墙的距离与灯的形状有关：

对圆形灯具，靠墙有工作面：$l=(0.25\sim0.3)L$，

靠墙无工作面：$l=(0.4\sim0.5)L$

对于直管形灯具：$L=\left(\frac{1}{3}\sim\frac{1}{4}\right)L_{A\text{-}A}$

直管形灯的灯角与墙的距离为(0.3～0.5)m 之间。

（五）平均照度的基本计算公式

根据式 1-2 可知，照度的计算式为：

$$E=\frac{\Phi}{A}$$

在实际工程中照度与灯的个数 $n$、光损失因数 $M$ 利用系数 $\mu$ 等因素有关，所以照度的工程公式也称作平均照度的公式为：

$$E_{av}=\frac{n\Phi M\mu}{A} \tag{1-11}$$

式中　$n$——灯的个数；

$\Phi$——一个灯的光通量；

$M$——光损失因数，照明规程规定为（0.7～0.8）；

$\mu$——利用系数。

$\left(\text{注：有一些书中照度计算公式为 } E_{av}=\frac{n\Phi\mu}{kA}, k \text{ 为维护系数}, k=\frac{1}{M}\right)$

（六）确定利用系数的步骤

（1）根据房间的使用功能选择灯具；

（2）确定房间的各特征量，按式 1-4，计算出室空腔比 RCR；

（3）确定顶棚空腔的有效反射率 $\rho_{cc}$ 及墙面平均反射率 $\rho_w$；

（4）根据 RCR、$\rho_{cc}$、$\rho_w$ 三个数据查表确定利用系数；

（5）在得出 RCR、$\rho_{cc}$、$\rho_w$ 后，由所选用照明器的利用系数表中查出其利用系数 $\mu$。当 RCR、$\rho_{cc}$，$\rho_w$ 不是表中分级的整数值时，可用插入法进行计算；

（6）确定利用系数后，可按平均照度的公式计算工作面上的平均照度。

（七）解析平均照度的计算公式

平均照度的计算公式 1-11 可以由以下概念理解：

（1）根据基础知识一可知，照度是用来表示被照面上光的强弱，即单位面积上所接收的光通量，也可以说照度与光通量成正比与单位面积成反比。

（2）由于工程所需的灯具较多，灯具的数量多，光通量就大，所以照度就高，即照度与灯的个数成正比。

(3) 根据基础知识一可知，光是物质的，所以光在辐射时会损失能量，应该说光损失的能量越多照度越小，但是光损失因数是小数，所以照度与光损失因数的倒数成正比（常规取法：一般情况下光损失因数取 0.7，当环境比较清洁时取 0.8）。

(4) 由于光源在辐射时，产生的视觉效果与周围空间物质的颜色、灯具的放置等诸多因素有关系，照明规程规定用 $\mu$ 表示，它与照度成正比。

（八）室形指数

室形指数用于确定装饰照明计算中的利用系数，可定义为

$$i=\frac{ab}{h_s(a+b)} \tag{1-12}$$

$a$、$b$——分别为房间的长度和宽度（m）；

$h_s$——灯具的下沿至地板的垂直距离。

$i$ 与 RCR 的关系为 $\mathrm{RCR}=\frac{5}{i}$。

（九）应用实例

**【例题 1-1】** 有一绘图室长 14.6m，宽 7.2m，高 3.0m，照明器均匀布置，室内各反射系数如图 1-17 所示，灯的垂度取 0.3m，工作面高度取 0.7m，计算工作面的平均照度。

**【解】** 1. 选灯

由于绘图室属于精细工作的场所，所以选 $YG_{1\text{-}1}$-40 型荧光灯选自附表 10

2. 布灯

(1) 竖直方向的布置

根据规程规定：$h_{cc}=0.3\text{m}$　$h_{fc}=0.7\text{m}$

$$h_{RC}=3.0-0.3-0.7=2\text{m}$$

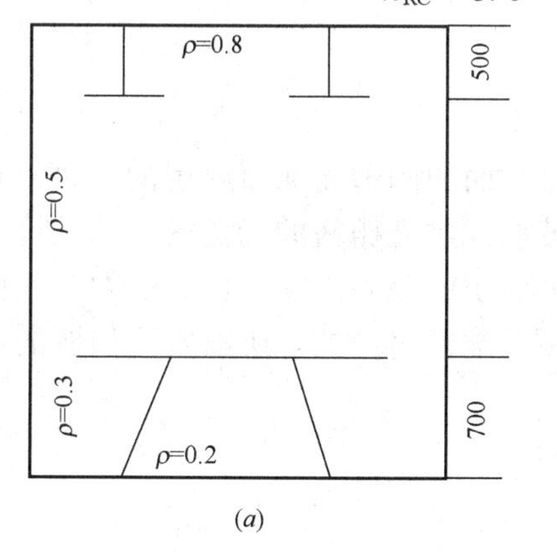

(a)

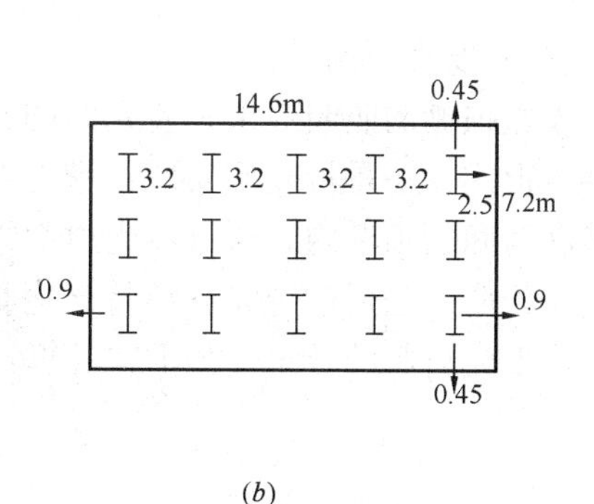

(b)

图 1-17　荧光灯的布置

(a) 竖直方向的布置；(b) 水平方向的布置

(2) 水平方向的布置（矩型）：

$$\frac{L_{A\text{-}A}}{h_{Rc}}=1.62,\ L_{A\text{-}A}=1.62\times2=3.24\text{m}\approx3.2\text{m}$$

$$\frac{L_{B\text{-}B}}{h_{Rc}}=1.22,\ L_{B\text{-}B}=1.22\times 2=2.44\text{m}\approx 2.5\text{m}$$

(3) 灯与墙的距离

$$l=\left(\frac{1}{3}\sim\frac{1}{4}\right)L_{A\text{-}A}$$

$$l=\left(\frac{1}{3}\times 3.2\sim\frac{1}{4}\times 3.2\right)=(1.07\sim 0.80)\text{m}$$

(4) 灯角与墙的距离为 $(0.3\sim 0.5)$m

3. 布置

见图 1-18（*b*），共需 15 盏 $YG_{1\text{-}1}$-40 型荧光灯

4. 照度计算

$$\text{RCR}=\frac{5h_{Rc}(a+b)}{a\cdot b}=\frac{5\times 2(14.6+7.2)}{14.6\times 7.2}=\frac{218}{105.12}=2$$

$$\rho=\frac{\sum\rho_i A_i}{\sum A_i}=\frac{0.8\times 14.6\times 7.2+0.5\times 2\times 0.5(14.6+7.2)}{14.6\times 7.2+2\times 0.5(14.6+7.2)}=\frac{95}{126.92}=0.75$$

$$\rho_{cc}=\frac{\rho A_0}{A_S-\rho A_S+\rho A_0}=\frac{0.75\times(14.6\times 7.2)}{126.92-0.75\times 126.92+0.75\times 105.12}=0.75$$

根据图 1-18（*a*）所给的已知条件 $\rho_w=0.5$

确定利用系数：RCR=2 $\rho_{cc}=0.7$ $\rho_w=0.5$

查附表 10 $\mu=0.74$

$$E_{av}=\frac{n\Phi M\mu}{A}=\frac{15\times 2400\times 0.8\times 0.74}{14.6\times 7.2}=202.74\text{lx}$$

由于灯具的光通量效率为 81%。

$\therefore E_{aV}=202.74\times 0.81=164.23$lx，故该房间的平均照度 164.23lx 合理。

## 二、装饰照明照度的计算

（一）发光顶棚

发光顶棚的照明效果是使光源的光通过大面积的透光面而取得的，通常有两种装置形式：一是将光源安装在带有散光玻璃或遮光栅格的光盒内，二是将光源安装在房间的顶棚内，通过透光材料形成大面积的照明。发光顶棚照射在工作面上的平均照度是通过透光材料将光通量重新分配而得到的，所以发光顶棚的计算应考虑发光材料的效果，如下式计算：

$$E_{av}=\frac{n\phi M\mu}{A}\times\eta \tag{1-13}$$

式中 $n$——光源个数；

$\phi$——一个光源的光能量；

$M$——光损失因数；

$\mu$——发光顶棚的利用系数；

$\eta$——发光顶棚本身的效率。

表 1-14 中 $L/h$ 值指的是 $A$-$A$ 方向、$B$-$B$ 方向灯角挨着灯角。其中 $h$ 指的是灯

与发光面之间的高度。在发光顶棚装置中，为了保证散光玻璃或遮光棚格上的亮度均匀而不致出现光斑，照明灯具或灯泡至透光面的距离，不应小于：吊顶式0.3m，盒式100mm(磨砂玻璃为300mm)。如果用白炽灯光源做圆形发光顶棚，灯的间距为(0.25～0.3)m。

发光天棚效率$\eta$与发光顶棚构成形式及使用的发光材料有关，发光顶棚辐射光通量利用系数则与发光面积及顶棚面积之比、墙壁及顶棚的反射系数、室形指数等因素有关，发光顶棚本身的效率和发光顶棚辐射光通利用系数可参见表1-15、表1-16。

**发光顶棚照明器布置的 $L/h$** **表 1-14**

| 发光顶棚的形式 | 照明器或光源的类型 | $L/h$ 值不大于 | |
|---|---|---|---|
| | | 乳白玻璃 | 磨砂玻璃或遮光栅格 |
| 吊顶式 | 深照型 | 5 | 2 |
| | 镜面灯光 | 2 | 1.0 |
| | 带反光罩的荧光灯 | 1.25～1.50 | 1.0～1.2 |
| 光盒式 | 白炽灯泡 | 5 | 0 |
| | 荧光灯管 | 2.0 | 1.5 |

**发光顶棚本身的效率（$\eta$）** **表 1-15**

| 透光面的构造形式 | $\eta$ | 透光面的构造形式 | $\eta$ |
|---|---|---|---|
| 乳白玻璃 | 0.55 | 有机玻璃 | 0.4～0.5 |
| 磨砂玻璃 | 0.7 | 遮光栅格 | 0.6～0.7 |
| 晶体玻璃 | 0.8 | 1.5cm 的玻璃砖 | 0.35 |

**发光顶棚辐射光通利用系数（$\mu$）** **表 1-16**

| $A_t/A$ | 0.55 以下 | | | 0.56～0.7 | | | 0.71～1 | | |
|---|---|---|---|---|---|---|---|---|---|
| $\rho_w$ | 0.3 | 0.5 | 0.7 | 0.3 | 0.5 | 0.7 | 0.3 | 0.5 | 0.7 |
| $i$ | 光通利用系数（%） | | | | | | | | |
| 0.2 | 2 | 4.5 | 9 | 2.5 | 5.5 | 11 | 3 | 6.5 | 12.5 |
| 0.3 | 3 | 6 | 12 | 3.5 | 7 | 14.5 | 4 | 8 | 17 |
| 0.4 | 3.5 | 7 | 14 | 4 | 8 | 17 | 5 | 10 | 20 |
| 0.5 | 4.5 | 9 | 16 | 5.5 | 11 | 19 | 6.5 | 13 | 22.5 |
| 1 | 7 | 13 | 21 | 8.5 | 16 | 25 | 10 | 19 | 29.5 |
| 1.5 | 8 | 15 | 23.5 | 9.5 | 18 | 28 | 11 | 21 | 33 |
| 2 | 9 | 16.5 | 25 | 11 | 20 | 30 | 12.5 | 23.5 | 35 |
| 2.5 | 9.5 | 17 | 26 | 11.5 | 20.5 | 31 | 13 | 24 | 36 |
| 3 | 10 | 17.5 | 26 | 12 | 21 | 31.5 | 14 | 24.5 | 36.5 |
| 3.5 | 10 | 18 | 26.5 | 12 | 21.5 | 32 | 14.5 | 25 | 37 |
| 4 | 10.5 | 18 | 27 | 12.5 | 22 | 32.5 | 15 | 25.5 | 37.5 |

注：本表系根据顶棚的反射系数0.7计算而得。

**【例1-2】** 有一会议室长10m、宽7m、高3.3m（吊顶为0.3m）采用荧光灯发光顶棚的照明形式（见图1-18，虚线内为发光面），要求在距地0.7m处达到

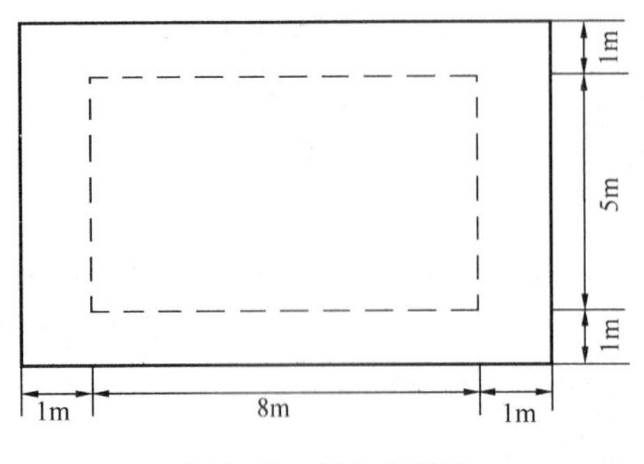

图 1-18　例 1-2 题图

150lx 的照度，试确定光源的安装功率。

**【解】** 由于本题没有给出墙面及顶棚空间的详细资料，故设定墙面的反射系数为 0.7（按大白粉刷考虑）光损失因数 $M=0.8$。

1. 选灯

发光顶棚常用的灯具为 $YG_{1\text{-}1}$-40 型，其灯管长度为 1.28m（查附表 10）

2. 选择发光材料

查表 1-15：顶棚采用带反射罩的荧光灯，乳白玻璃的发光材料效率 $\eta=0.55$

3. 查表 1-14

$$\frac{L}{h}=(1.25\sim1.5)$$

$$L=(1.25\sim1.5)\times0.5=(0.625\sim0.75)\text{m}。$$

取 0.73m

4. 布置

$A$-$A$ 方向灯的间距为 0.73m，共 11 排；

$B$-$B$ 方向灯角连灯角，可安 4 盏灯；

共需 44 只荧光灯。

5. 照度计算

$$\frac{A_t}{A}=\frac{5\times8}{7\times10}=0.57$$

$$\eta=0.55$$

查表 1-16，发光顶棚的利用系数为 $\mu=0.32$

根据已知条件，$A=10\times7=70\ (\text{m})^2$

查表 1-8 和附表 10　$\phi=2400\times0.8=1920\text{lm}$

$$E_{av}=\frac{n\phi M\mu\eta}{A}=\frac{44\times1920\times0.8\times0.32\times0.55}{70}=169.9\text{lx}$$

安装功率 $P=44\times40\text{W}=1760\text{W}$

（二）花灯

花灯照明装置主要用于建筑上的装饰照明，所以对花灯照度的要求并不高，一般在 30lx。由于花灯照明装置的光通量是经过多次反射和折射才落于工作面上的，因而其照度采用光通利用系数法来确定，照明装置的灯具和结构对照明效果有很大影响，因此，在实际计算中，必须考虑灯具间的相互屏蔽和花灯结构的支架对于光源光通量的吸收作用，需要计入“花灯照明装置本身”的利用系数 $\mu_0$

花灯照度计算公式：

$$E_{av}=n\Phi M\mu_0\mu/A \tag{1-14}$$

式中　$A$——房间的面积（$\text{m}^2$）；

$n$——花灯的数量；

$\Phi$——每盏花灯所发出的光通量（lm）；

$M$——光损失因数；

$\mu_0$——花灯照明装置本身的利用系数，见表 1-17；

$\mu$——花灯照明装置光通利用系数，见表 1-18（单表）。

**花灯灯具本身的利用系数（$\mu_0$）　　表 1-17**

| 灯具配光特性 | 灯具组装结构简单，组装数量在 3 个以下时 | 灯具组装结构一般，组装数量在 4～9 个时 | 灯具组装结构复杂，组装数量在 10 个以上时 | 吸顶组装灯具 | |
|---|---|---|---|---|---|
| | | | | 组装数量在 9 个以下时 | 组装数量在 10 个以上时 |
| 漫射配光灯具 | 0.95 | 0.85 | 0.65 | — | — |
| 半反射配光灯具 | 0.9 | 0.8 | 0.5 | — | — |
| 反射配光灯具 | 0.8 | 0.7 | 0.4 | 0.8 | 0.7 |

注：1. 漫射配光灯具——用乳白玻璃制成的包合式灯具；
2. 半反射配光灯具——用乳白玻璃或砂玻璃制成的向上开口的灯具；
3. 反射配光灯具——用不透光材料制成的向上开口的灯具。

**花灯照明装置灯具的光通利用系数　　表 1-18**

| $\rho_{CC}$ | 0.7 | | | 0.7 | | | 0.7 | | | 0.7 | | |
|---|---|---|---|---|---|---|---|---|---|---|---|---|
| $\rho_w$ | 0.5 | | | 0.5 | | | 0.3 | | | 0.3 | | |
| $\rho_{fC}$ | 0.3 | | | 0.1 | | | 0.1 | | | 0.3 | | |
| 室形指数＼灯具特性 | 反射配光 | 半反射配光 | 漫射配光 | 反射配光 | 半反射配光 | 漫射配光 | 反射配光 | 半反射配光 | 漫射配光 | 反射配光 | 半反射配光 | 漫射配光 |
| 0.3 | 0.13 | 0.14 | 0.15 | 0.12 | 0.13 | 0.14 | 0.05 | 0.07 | 0.09 | 0.06 | 0.08 | 0.10 |
| 0.4 | 0.17 | 0.19 | 0.21 | 0.16 | 0.17 | 0.19 | 0.09 | 0.11 | 0.13 | 0.11 | 0.13 | 0.15 |
| 0.5 | 0.22 | 0.24 | 0.26 | 0.20 | 0.22 | 0.24 | 0.13 | 0.15 | 0.17 | 0.14 | 0.16 | 0.18 |
| 0.6 | 0.26 | 0.29 | 0.31 | 0.22 | 0.25 | 0.28 | 0.15 | 0.18 | 0.21 | 0.16 | 0.19 | 0.21 |
| 0.7 | 0.29 | 0.31 | 0.35 | 0.27 | 0.29 | 0.31 | 0.18 | 0.22 | 0.24 | 0.19 | 0.23 | 0.24 |
| 0.8 | 0.32 | 0.34 | 0.37 | 0.30 | 0.32 | 0.35 | 0.21 | 0.24 | 0.27 | 0.22 | 0.25 | 0.27 |
| 0.9 | 0.35 | 0.38 | 0.41 | 0.32 | 0.36 | 0.39 | 0.23 | 0.27 | 0.29 | 0.25 | 0.28 | 0.30 |
| 1 | 0.37 | 0.41 | 0.44 | 0.35 | 0.39 | 0.42 | 0.25 | 0.29 | 0.31 | 0.27 | 0.30 | 0.33 |
| 1.25 | 0.43 | 0.47 | 0.51 | 0.40 | 0.44 | 0.47 | 0.30 | 0.34 | 0.37 | 0.33 | 0.37 | 0.40 |
| 1.5 | 0.47 | 0.53 | 0.57 | 0.45 | 0.49 | 0.52 | 0.36 | 0.40 | 0.43 | 0.38 | 0.42 | 0.46 |
| 1.75 | 0.52 | 0.58 | 0.62 | 0.49 | 0.53 | 0.57 | 0.41 | 0.46 | 0.48 | 0.42 | 0.47 | 0.52 |
| 2 | 0.56 | 0.63 | 0.66 | 0.52 | 0.57 | 0.60 | 0.44 | 0.49 | 0.52 | 0.47 | 0.52 | 0.57 |
| 3 | 0.65 | 0.74 | 0.77 | 0.60 | 0.66 | 0.70 | 0.55 | 0.61 | 0.65 | 0.58 | 0.66 | 0.70 |
| 4 | 0.71 | 0.81 | 0.85 | 0.63 | 0.71 | 0.74 | 0.60 | 0.67 | 0.71 | 0.64 | 0.74 | 0.78 |
| 5 | 0.74 | 0.85 | 0.88 | 0.65 | 0.74 | 0.78 | 0.63 | 0.69 | 0.73 | 0.68 | 0.80 | 0.82 |

续表

| $\rho_{CC}$ | 0.5 | | | 0.5 | | | 0.5 | | | 0.5 | | |
|---|---|---|---|---|---|---|---|---|---|---|---|---|
| $\rho_w$ | 0.5 | | | 0.5 | | | 0.3 | | | 0.3 | | |
| $\rho_{fC}$ | 0.3 | | | 0.1 | | | 0.3 | | | 0.1 | | |
| 灯具特性 / 室形指数 | 反射配光 | 半反射配光 | 漫射配光 | 反射配光 | 半反射配光 | 漫射配光 | 反射配光 | 半反射配光 | 漫射配光 | 反射配光 | 半反射配光 | 漫射配光 |
| 0.3 | 0.13 | 0.14 | 0.15 | 0.12 | 0.13 | 0.14 | 0.06 | 0.08 | 0.09 | 0.06 | 0.07 | 0.08 |
| 0.4 | 0.14 | 0.16 | 0.19 | 0.13 | 0.14 | 0.15 | 0.09 | 0.10 | 0.12 | 0.07 | 0.09 | 0.12 |
| 0.5 | 0.18 | 0.20 | 0.22 | 0.17 | 0.19 | 0.21 | 0.11 | 0.13 | 0.15 | 0.10 | 0.12 | 0.14 |
| 0.6 | 0.20 | 0.23 | 0.26 | 0.19 | 0.21 | 0.24 | 0.13 | 0.15 | 0.17 | 0.12 | 0.16 | 0.18 |
| 0.7 | 0.23 | 0.26 | 0.29 | 0.22 | 0.24 | 0.28 | 0.15 | 0.19 | 0.22 | 0.14 | 0.18 | 0.22 |
| 0.8 | 0.25 | 0.29 | 0.32 | 0.24 | 0.27 | 0.30 | 0.17 | 0.21 | 0.24 | 0.16 | 0.20 | 0.24 |
| 0.9 | 0.27 | 0.32 | 0.35 | 0.26 | 0.30 | 0.33 | 0.19 | 0.23 | 0.27 | 0.18 | 0.23 | 0.26 |
| 1 | 0.29 | 0.34 | 0.38 | 0.28 | 0.33 | 0.37 | 0.21 | 0.26 | 0.29 | 0.20 | 0.25 | 0.28 |
| 1.25 | 0.34 | 0.39 | 0.44 | 0.33 | 0.38 | 0.42 | 0.26 | 0.31 | 0.35 | 0.24 | 0.29 | 0.33 |
| 1.5 | 0.37 | 0.43 | 0.49 | 0.36 | 0.41 | 0.46 | 0.29 | 0.36 | 0.40 | 0.27 | 0.34 | 0.38 |
| 1.75 | 0.40 | 0.47 | 0.53 | 0.38 | 0.44 | 0.50 | 0.32 | 0.39 | 0.45 | 0.30 | 0.37 | 0.43 |
| 2 | 0.42 | 0.50 | 0.56 | 0.39 | 0.47 | 0.53 | 0.35 | 0.43 | 0.49 | 0.33 | 0.40 | 0.46 |
| 3 | 0.46 | 0.58 | 0.65 | 0.44 | 0.53 | 0.60 | 0.41 | 0.52 | 0.60 | 0.38 | 0.49 | 0.55 |
| 4 | 0.51 | 0.63 | 0.69 | 0.47 | 0.58 | 0.64 | 0.45 | 0.57 | 0.64 | 0.43 | 0.54 | 0.61 |
| 5 | 0.53 | 0.65 | 0.78 | 0.49 | 0.60 | 0.67 | 0.49 | 0.61 | 0.70 | 0.46 | 0.57 | 0.64 |

**【例 1-3】** 有一前厅，净高 $H$ 为 5.2m，面积为 $25.5\times10\text{m}^2$，采用漫反射配光特性的花灯作照明器，悬挂高度为 4m，顶棚和墙壁的反射系数分别为 $\rho_{cc}=0.7$，$\rho_w=0.5$，$\rho_{fc}=0.1$，光损失因数为 0.7，要求在地板上营造不小于 30lx 的照度，求每盏花灯的安装功率。

**【解】** 1. 确定花灯的直径

规程规定，花灯直径以房间宽度的$\left(\dfrac{1}{5}\sim\dfrac{1}{6}\right)$为宜；

$$L=\left(\frac{1}{5}\sim\frac{1}{6}\right)\times10=(2.0\sim1.67)\text{m} \quad 取\ 2\text{m}。$$

2. 确定花灯间距

规程规定 $3<d/L\leqslant5\text{m}$，$6\text{m}<d\leqslant10\text{m}$

布置如图 1-19，门厅内需 3 盏花灯（或 2 盏花灯）

3. 考虑到花灯的尺寸，确定每盏花灯的灯具组装数为 10 个以上，查表 1-17，

$$\mu_o=0.5$$

$$i=\frac{ab}{h_s(a+b)}=\frac{25.5\times10}{4(25.5+10)}=1.8$$

根据 $\rho_{cc}=0.7$，$\rho_w=0.5$，$\rho_{fc}=0.1$，$i=1.8$ 查表 1-18；$\mu=0.57$

4. 一个花灯的光通量

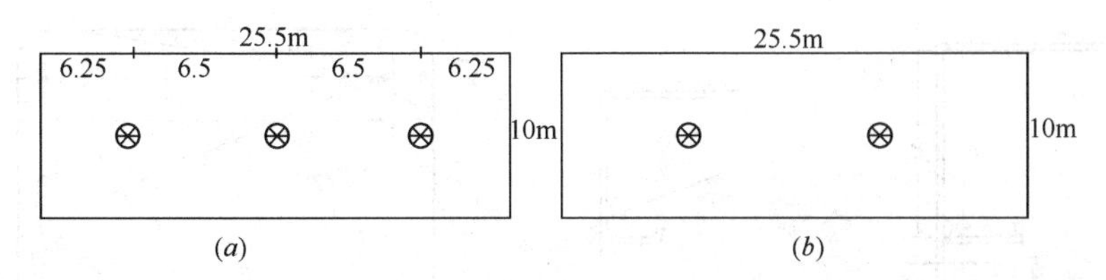


图 1-19　花灯布置方案图

$$E_{av}=\frac{n\Phi M\mu_0\mu}{A}$$

$$\Phi_1=\frac{E_{av}\cdot A}{nM\mu_0\mu}=\frac{30\times300}{3\times0.7\times0.5\times0.57}=15037.61\text{lm}$$

或 $$\Phi_2=\frac{E_{av}\cdot A}{nM\mu_0\mu}=\frac{30\times300}{2\times0.7\times0.5\times0.57}=22556.4\text{lm}$$

5. 由于花灯的光源为白炽灯，故查表 1-6

60W 白炽灯的光通量为 630lm。100W 白炽灯的光通量为 1250lm，150W 白炽灯的光通量为 2090lm。

所以，$n_1=\frac{15037.6}{1250}=12.04=13$ 盏，$n_2=\frac{22556.4}{1250}=19$ 盏，或 $n_2=\frac{22556.4}{2090}=11$ 盏，

光源总的安装功率：$P_1=3\times13\times100=3900\text{W}$，$P_{21}=2\times19\times100=3800\text{W}$，$P_{22}=2\times11\times150=3300\text{W}$。取 2 盏直径为 2m 内设 11 盏 150W 白炽灯的花灯。

（三）光檐

光檐是隐蔽形照明常用的一种形式，它是将光源隐蔽在顶棚、梁、墙内，通过灯光对墙的直射所产生的反射光而形成的间接照明。

1. 光檐照明的特点

光檐照明常用于艺术场所照明如大厅、剧院、礼堂、地下城商业街等场所。但这种照明尽量与其他照明方式混合使用，如单独使用，因受墙和顶棚的限制使光分布不理想、效率低、照度达不到规程要求。

2. 光檐内光源的安装

（1）确定内光源的位置

光檐内光源安装尺寸如图 1-20～图 1-22 所示。

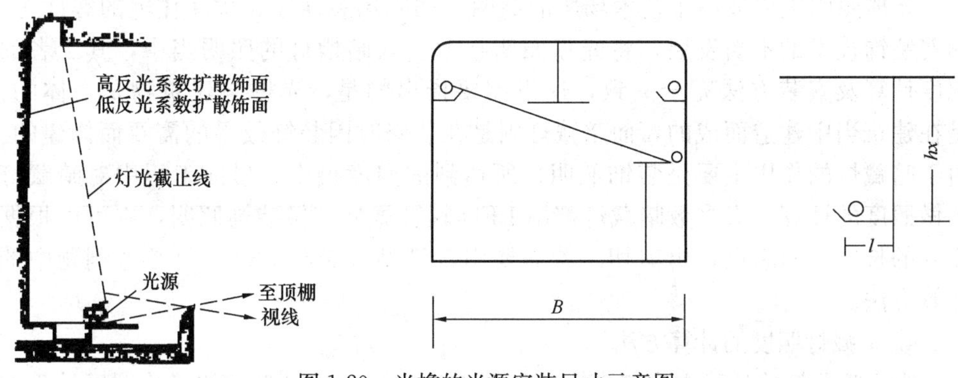


图 1-20　光檐的光源安装尺寸示意图

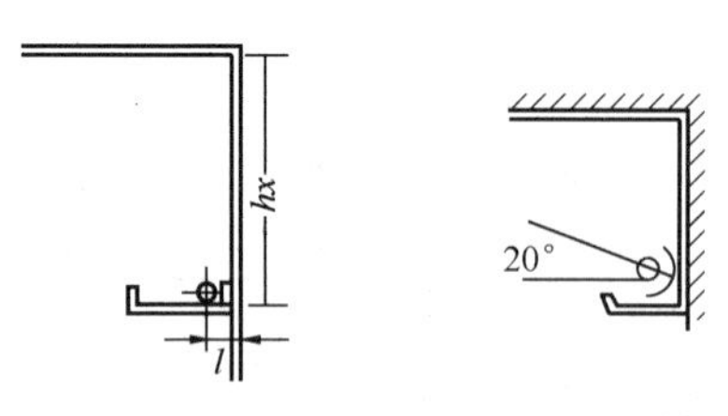


图 1-21 无反光罩荧光灯光檐断面图

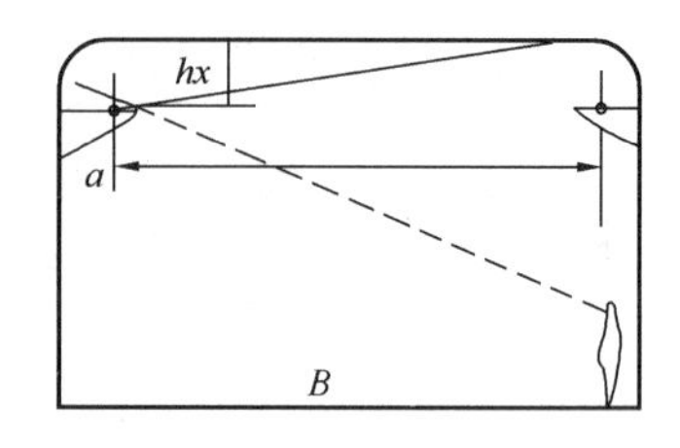


图 1-22 有反光罩光檐照明示意图

光檐内光源为圆形灯，灯与灯的间距为(0.25～0.3)m；

光檐内光源为直管型灯，灯与灯的间距为$\left(\frac{1}{3}\sim\frac{1}{4}\right)L_{\text{A-A}}$；

灯角与墙的距离为(0.3～0.5)m。

(2) 光檐高度的确定

在光檐内安装光源，由于光线隐蔽，又不能挡住光线射向顶棚，所以，光檐要有一定高度，这样才能得到较均匀的顶棚亮度。顶棚亮度的均匀性决定光檐的形式（单侧、双侧、四周）及顶棚宽度 L 与光檐至顶棚高度之比$\frac{B}{h_{\text{X}}}$，见表 1-19。

为了使墙上的亮度均匀，当光檐距顶棚的距离较大时，灯距墙的距离也应较大，可参见表 1-20。

**光檐的 $B/h_x$ 适宜比值** **表 1-19**

| 光檐形 | 灯 的 类 型 | | |
|---|---|---|---|
| | 无反光罩 | 扩散反光罩 | 镜面灯 |
| 单边光檐 | 1.7～2.5 | 2.5～4.0 | 4.0～6.0 |
| 双边光檐 | 4.0～6.0 | 6.0～9.0 | 9.0～15.0 |
| 四边光檐 | 6.0～9.0 | 9.0～12.0 | 15.0～20.0 |

**光檐的光源安装尺寸规定** **表 1-20**

| $h_{\text{X}}$ (mm) | 310 | 38～510 | 53～760 |
|---|---|---|---|
| $L$ (mm) | 64 | 90 | 115 |

3. 光檐与暗藏灯的区别

光檐照明主要适用于艺术场所的照明，如剧场观众厅、舞厅住宅的客厅等。随着装饰技术的不断发展，将光檐照明技术引入暗槽灯的照明当中，其二者的照度计算及安装方法完全一致，这里需要指出的是，光檐与建筑物是一体的，是在建筑当中建造而成的，而暗藏灯则是在装修时因装饰效果的需要而修建的。由于暗藏灯的作用主要是装饰照明，所达到的照度很小。目前工程中对暗藏灯不做照度的计算。大多数暗藏灯都用 LED 软管霓虹灯做装饰照明，它可以根据需要的长度在间断点自由剪切。若需要用直管型灯做暗藏灯，可参考例题中的计算方法。

4. 暗藏灯照度的计算方法

由于暗藏灯的计算方法和光檐的计算方法相同，故以光檐的平均照度计算方法为例。光檐的平均照度计算公式与一般照明照度计算公式相似，即：$E_{av}=\dfrac{\eta\mu\Phi M}{A}$

其中 $\mu$ 可查光檐的利用系数表 1-21。

**光檐照明装置光通利用系数**　　　　**表 1-21**

| At/A | 0.5～0.7 | | | | | | 0.8～1.1 | | | | | |
|---|---|---|---|---|---|---|---|---|---|---|---|---|
| $\rho_{cc}$ | 0.5 | | | 0.7 | | | 0.5 | | | 0.7 | | |
| $\rho_w$ | 0.3 | 0.5 | 0.7 | 0.3 | 0.5 | 0.7 | 0.3 | 0.5 | 0.7 | 0.3 | 0.5 | 0.7 |
| $i$ | $\mu$% | | | | | | | | | | | |
| 0.25 | 4 | 6 | 9 | 6 | 7 | 13 | 3 | 5 | 8 | 5 | 7 | 10 |
| 0.5 | 9 | 12 | 13 | 15 | 17 | 22 | 8 | 10 | 14 | 11 | 14 | 19 |
| 0.75 | 13 | 16 | 19 | 20 | 22 | 27 | 12 | 14 | 16 | 15 | 19 | 23 |
| 1 | 17 | 20 | 22 | 24 | 28 | 32 | 14 | 16 | 19 | 20 | 24 | 28 |
| 1.25 | 19 | 22 | 25 | 26 | 31 | 35 | 16 | 19 | 21 | 22 | 26 | 30 |
| 1.5 | 22 | 24 | 26 | 30 | 34 | 37 | 19 | 20 | 22 | 26 | 29 | 32 |
| 1.75 | 23 | 25 | 27 | 32 | 35 | 38 | 20 | 22 | 23 | 28 | 30 | 33 |
| 2 | 25 | 26 | 28 | 34 | 37 | 40 | 21 | 22 | 23 | 24 | 25 | 26 |
| 2.5 | 26 | 27 | 29 | 36 | 39 | 41 | 22 | 23 | 25 | 31 | 34 | 35 |
| 3 | 27 | 29 | 30 | 39 | 41 | 42 | 23 | 25 | 26 | 33 | 35 | 36 |
| 3.5 | 28 | 30 | 31 | 40 | 42 | 43 | 24 | 25 | 26 | 34 | 36 | 37 |
| 4 | 30 | 31 | 32 | 41 | 43 | 44 | 25 | 26 | 27 | 35 | 37 | 38 |

| At/A | 1.2～1.5 | | | | | | 1.6～3 | | | | | |
|---|---|---|---|---|---|---|---|---|---|---|---|---|
| $\rho_{cc}$ | 0.5 | | | 0.7 | | | 0.5 | | | 0.7 | | |
| $\rho_w$ | 0.3 | 0.5 | 0.7 | 0.3 | 0.5 | 0.7 | 0.3 | 0.5 | 0.7 | 0.3 | 0.5 | 0.7 |
| $i$ | $\mu$% | | | | | | | | | | | |
| 0.25 | 4 | 5 | 8 | 6 | 8 | 11 | 2.7 | 4 | 5.5 | 4.5 | 6 | 9 |
| 0.5 | 7 | 8 | 11 | 10 | 13 | 16 | 5 | 6 | 8 | 9 | 10 | 13 |
| 0.75 | 10 | 11 | 14 | 15 | 17 | 21 | 7 | 8 | 10 | 12 | 14 | 17 |
| 1 | 12 | 14 | 16 | 19 | 21 | 24 | 8 | 10 | 11 | 15 | 16 | 19 |
| 1.25 | 14 | 15 | 17 | 21 | 24 | 26 | 10 | 11 | 12 | 17 | 19 | 21 |
| 1.5 | 15 | 16 | 18 | 23 | 25 | 28 | 11 | 12 | 13 | 18 | 20 | 22 |
| 1.75 | 16 | 17 | 19 | 25 | 27 | 29 | 12 | 13 | 14 | 20 | 21 | 23 |
| 2 | 17 | 18 | 20 | 26 | 28 | 30 | 13 | 14 | 15 | 21 | 22 | 24 |
| 2.5 | 18 | 19 | 21 | 28 | 30 | 31 | 14 | 15 | 16 | 22 | 23 | 25 |
| 3 | 19 | 20 | 22 | 30 | 31 | 32 | 15 | 16 | 17 | 23 | 24 | 26 |
| 3.5 | 20 | 21 | 23 | 31 | 32 | 33 | 16 | 17 | 18 | 24 | 25 | 27 |
| 4 | 21 | 22 | 24 | 32 | 33 | 34 | 17 | 18 | 19 | 25 | 26 | 28 |

**【例 1-4】** 某俱乐部休息厅，其面积为 $8\times12m^2$，房间高度 $H=5m$，采用光檐照明装置，求在地板上造成具有 40lx 的平均照度，试确定光源的安装功率。

**【解】** 设采用圆形灯具作为照明光源，由于本题没有给出顶棚及墙面的详细资料，所以取 $\rho_{cc}=0.7$，$\rho_{w}=0.5$，$M=0.7$。

1. 确定光檐的位置

本工程采用沿长度双侧布置。

选择带有扩散反光罩的灯具，查表 1-19 可得$\dfrac{B}{h_X}=6\sim9$

$$h_x=\left(\frac{8}{6}\sim\frac{8}{9}\right)=(1.3\sim0.9)\text{m}$$

取 $h_x=1\text{m}$

∴　$h_S=5-1=4\text{m}$

2. 确定灯位

采用沿长度双侧布置，由于光源不可能贴墙布置，灯的间距根据规程规定为(0.25～0.3)m，取 0.3m。墙两边应各留 0.15m。

$$n=12\times2/0.3=80\ (\text{个灯位})$$

3. 确定光源功率

$$i=\frac{ab}{h_s(a+b)}=\frac{8\times10}{4(8+10)}=1.1$$

$$\frac{A_t}{A}=\frac{8\times10+2\times1\times(8+10)}{8\times10}=1.45$$

查表 1-21　$\mu=0.21$

$$\Phi=\frac{E_{av}\times A}{nM\mu}=\frac{40\times96}{80\times0.7\times0.21}=326.5$$

查基础篇中表 1-6、表 1-9 40W 白炽灯的光通量为 350lm，7W 的节能灯光通量为 420lm，所以选用 7W 的卡塔节能灯，安装功率：$P=7\times88=616\text{W}$。

**练习题**

1. 什么是距高比？
2. 在一般照明的布置中，为什么首先要做竖直方向的布置？
3. 简述发光顶棚的装饰照明方式、特点及装饰效果。
4. 简述花灯的装饰照明方式、特点及装饰效果。
5. 简述暗槽灯的装饰照明方式、特点及装饰效果。
6. 照度计算中，空间特征量指的是什么？
7. 怎样用带域空腔法确定利用系数？
8. 简述花灯的照度计算方法。
9. 简述发光顶棚的照度计算方法。
10. 简述暗槽灯的照度计算方法。
11. 有一会议室长 25m、宽 14m、高 3.6m，试计算会议室的平均照度。若照明器均匀布置不合理时，应怎样解决？
12. 有一商场，长 120m、宽 80m、高 4.5m，根据学过的知识作照明设计。

# 第二篇　工　程　篇

## 【住宅照明设计】

现代民用建筑照明的设计思想一般从以下三个方面考虑：第一、照明的环境艺术效果：即从环境艺术的角度出发根据照度标准，依据照明理论修正灯光设计中的缺憾，改善视觉疲劳；做到科学地控制灯光，改变和营造舒适的室内空间，为人们提供良好的视觉环境，使空间和建筑内部环境达到合理的照度标准，满足人们最佳的心理需求。第二、照明与房间使用功能的关系：即根据作业性质和环境条件，使工作区和整个空间获得合理的照度、适宜的亮度分布、良好的视觉功效及良好的显色性。第三、电器设备的合理分布：即根据照明规程，运用施工手段让导线的敷设、灯具、接线盒、开关、插座的位置固定及安装趋近人性化。

### 一、照明设计的基本原则

照明设计的目的是根据人们的工作、学习和生活的要求，利用光的表现力，对室内空间进行艺术加工，巧妙地运用现代化照明技术，在功能和艺术上满足人们的视觉需要和审美要求，设计出一个照明质量良好，照度充足，安全方便的照明环境。因此在设计中必须遵循国家有关设计的政策和法规，符合国家标准和设计规范，结合我国的国情，积极推广和采用新技术。在确定照明方案时，应根据不同类型建筑对照明的特殊要求，处理好人工照明和自然照明的关系；合理使用建筑资金，协调采用节能光源和高效灯具与技术经济效益之间的关系。

（一）一般规定

照明设计根据视觉要求，应遵循以下规定：

（1）有利于人们正确识别周围环境，防止人与光环境之间失去协调性。

（2）重视空间的清晰度，消除不必要的阴影。

（3）创造适宜的亮度分布和照度水平，限制眩光。

（4）处理好色温与显色性的关系，避免产生心理不和谐感。

（5）有效利用自然光，合理选择照明方式，降低电能消耗指标。

（二）应考虑的要素

1. 执行照明设计规范

了解照明场所的实际情况，并收集有关设计资料，如供电情况、建筑平面图和立面结构图等。照明设计应符合现行的《民用建筑照明设计标准》GBJ 133—90和国家标准《建筑照明设计标准》GB 50034—2004的规定。

2. 照明供电要求

电是一种应用广泛的能源，既可以集中大量生产，又可以方便地长距离输送，给人们的日常生活带来了方便。其特点是：同时性、集中性、快速性、适用性、先行性。

（1）电力系统

电力系统是由发电（电能的生产）——输送（输电、变电）——分配（配电）消费（用电负荷）组成。在民用建筑中，常用的电压等级为 220V。建筑供电系统既是电力系统的一个用户，又是建筑物内用电设备的电源。它对电能起着接受、变换、分配并向各种用电设备提供电能的作用。

建筑供电系统的电压等级选择应根据建筑物用电容量、设备特性、供电距离及用电单位的远景规划等因素综合考虑决定的。

（2）供电电源

建筑供电系统从电力网引入电源，并合理地分配给各用电设备，用电量较小的建筑，可直接从低压电网或邻近建筑的变电所引入 220/380V 三相四线制低压电源。用电量较大的建筑和建筑群，应从电力网引入三相三线制高压电源，（一般为 10kV）经变电所，将电压变换为 220/380V 的三相四线制低压电源。通过导线分配至各用电设备。

1）220V 电源用于单相低压用电设备。

2）220/380V 的三相四线制低压供电电源用于建筑物较大或用电设备较大（总功率 240kW 以下）且全部为单相和三相低压用电设备。

## 二、建筑装饰照明的设计程序

（一）了解建筑物的使用功能

在进行照明设计之前，首先应了解建筑物的使用功能，如是办公室、教室、餐厅、娱乐场所或住宅等。如本照明设计是黑龙江省哈尔滨市松北区学院路的一所使用面积为 $120m^2$ 的民用住宅，供电系统的电压等级为 220/380V，采用三相四线制 Y 型连接入户。

（二）确定照度标准

1. 光环境构思

根据建筑物的使用功能，在明确照明目的基础上，确定光通量的分布，首先要确定装饰材料的色彩、质感、组合构件、造型，然后考虑光的特性及光的分布。做到灯光的使用要有针对性，同时考虑白天和晚间的艺术效果。传统的灯具与现代照明技术相适应，并与建筑结构相协调。此外还应考虑房主的职业特性，如本房主是一位机关工作人员，喜欢比较淡雅的色彩，在照明设计中光源应选择偏冷色。

2. 确定照明方式

对整个空间照明应有统一的规划。一般照明：指室内基本一致的照明，分区照明：将工作对象和工作场所按功能来布置照明的方式，而且用这种方式照明的设备也兼作房间的一般照明。局部照明：在小范围内，对各种对象采用个别照明的方式，富有灵活性。对工作面或需要突出照明的地区应采用局部照明，如书房顶棚采用一般照明，而桌上一般设置台灯作局部照明。

3. 光源及灯具的选择

根据光源的效率、光色、显色性，结合建筑物的使用功能，选择合适的光源。灯具的选择要结合室内装修的特点来选择与建筑结构相协调的灯具，并同时考虑灯具的效率和户主的喜爱。

灯具的选择：在照明设计中选择灯具时，应综合考虑以下几点：

（1）灯具的光度特性（灯具效率、配光、利用系数、表面亮度、眩光等）；

（2）经济性（价格、光通比、电消耗、维护费用等）；

（3）灯具使用环境条件（是否要防爆、防潮、防震等）；

（4）灯具的外形是否与建筑结构相协调。

4. 亮度要求

亮度的分布有以下三方面的要求：

（1）工作面亮度要均匀，局部照度值不大于平均照度值25%，最小照度与平均照度的比值为0.7以上。

（2）照度与亮度的分布要使人感到舒适，在装修后，各表面的反射比可参考表2-1。

（3）邻近环境的亮度应低于工作面本身的亮度，最佳比值为1/3，而周围视野的平均亮度最好低于工作面本身亮度的1/10。

**室内各表面的反射比** **表2-1**

| 部　位 | 反射率推荐值（%） | 部　位 | 反射率推荐值（%） |
|---|---|---|---|
| 顶　棚 | 80～90 | 设备工作面 | 25～45 |
| 墙壁平均 | 40～60 | 地面 | 20～40 |

5. 照度要求

照度标准是国家根据国情和自身的要求而制定的，我国在20世纪90年代就颁发了《民用建筑照明设计标准》GBJ 133—90，见表2-2，对照度标准作了相应的规定。设计时可作为参考数据。应该指出的是由于我国经济情况所限，照度标准偏低，所以有些照度要求高的场所可以适当提高照度值。

**一般住宅建筑照明的照度标准值**（摘自GBJ 133—90） **表2-2**

| 类　别 | | 参考平面（m） | 照度标准值（lx） | | |
|---|---|---|---|---|---|
| | | | 低 | 中 | 高 |
| 起居室 | 一般活动室 | 距地0.75 | 20 | 30 | 50 |
| | 书写、阅读 | 距地0.75 | 150 | 200 | 300 |
| 卧室 | 床头、阅读 | 距地0.75 | 75 | 100 | 150 |
| 精细工作 | | 距地0.75 | 200 | 300 | 500 |
| 餐厅、客厅或厨房 | | 距地0.75 | 20 | 30 | 50 |
| 卫生间 | | 距地0.75 | 10 | 15 | 20 |
| 楼梯间 | | 地面 | 5 | 10 | 15 |

6. 对艺术性与功能性协调的要求

由于每个人在家里的时间大大超过了在工作单位和学校等停留的时间，因此改善住宅的光环境是至关重要的。在条件允许的情况下应依使用者的意愿进行设计，做到安全、适用、经济、美观，并与建筑结构相协调。

（1）安全

照明灯具和配电线路的敷设应注意使用安全，严格遵守导线选择的原则，家用电器的电源引线应采用铜芯绝缘护套软线或电缆，其长度不得超过 5.0m，插座的形式和安装高度应根据周围的环境和使用条件确定：一般规定，居室的插座安装高度距地为 0.3m，儿童活动频繁的场所其安装高度不低于 1.80m，潮湿的地方不低于 1.5m，且应采用安全型，开关一般设在距地 1.50m，且便于操作的位置。

（2）舒适

人们对不同灯光通常感到不舒适是由于光的反射等因素。格栅，柔光灯的布置要注意到发光源的位置，消除不适光照对人们生理和心理上的影响。

（3）经济

室内照明不仅要考虑初投资的问题，更要考虑长期使用中节电的问题，因此在设计中应首选高效节能的光源和灯具。

（4）美观

随着人们生活水平的提高，装饰照明已成为一种实用性与装饰性紧密结合的艺术。它除了给人们提供良好的视觉条件外，还能使居室的艺术气氛锦上添花。所以设计时要求色彩的选配、光源和灯具的选择，以及布灯方式和谐温馨。

7. 对经济性的要求

应考虑到初投资和维护费用及功率消耗费用，使照明设计既达到了最佳效果，又使费用减至最低。

8. 对照明设计结果的校验

对照明设计结果的校验应主要考虑照度是否达到了国家规定的照度标准，如果需要修正其结果，则要重新选择光源后再计算。

（三）住宅电气施工

民用住宅的电气施工部分包括：灯具、开关、插座的安装，照明灯具的选择与安装，室内导线的敷设。根据照明规程的规定及工程要求，需要完成以下任务：任务一、室内开关、插座的安装；任务二、照明灯具的选择与安装；任务三、室内线路的敷设。

（四）电照平面图的设计与绘制（见任务四）。

## 任务一　室内电气设备的安装

### 一、任务描述

室内的开关、插座、接线盒，是引入电源的重要设备，要完成此项任务需要掌握以下知识和技能：①常用电工工具及电工仪表的使用；②电路基础知识；③安全用电知识。

## 二、任务分析

本项目主要完成开关、插座、接线盒的安装，认识火线与零线的关系，了解单相及单相接地插座的特点，掌握用万用表测量电路技术数据的方法，并通过测量负载的技术数据，了解线路所消耗的功率，为室内设计与施工提供很好的技术资料。

## 三、技能训练目标

完成开关、插座、接线盒的安装，掌握“试电笔”及“万用表”的使用方法，掌握和测量线路的带电情况和负载的技术数据，以便在施工中做到心中有数，达到安全施工之目的。以荧光灯的工作线路为例，用试电笔检测电路的带电情况，用万用表测量电路中的技术数据，了解荧光灯的安装方法及电路的走向，掌握测量工作线路技术数据的方法，理解安全用电的重要性。

## 四、方法与步骤

（一）开关的安装

（1）首先将开关预留位置导线的塑料皮剥开漏出金属部分，并将金属部分的绝缘漆去掉，如图 2-1（*a*）所示。如果预埋盒较深，大于 25mm 时，应加装套盒，预埋盒应阳角正方、边缘整齐，周围抹灰处应光滑，不准用非整砖拼凑镶贴，且清理预埋盒中的杂物并擦拭干净。

（2）用试电笔测量预留电源是否带电（见图 2-1）。其中黄颜色的线为引入开关的火线，若双联开关则将两个引入端子短接，见图 2-1（*b*）中的黄色导线。

（3）将开关线安装在进线端子上，并将其中第一根火线接入双联开关线的一个出线端子上如图 2-1（*b*）所示，再将第二根火线接入双联开关线的另一个出线端子上，如图 2-1（*c*）所示。

（4）将双联开关固定在墙上如图 2-1（*d*）所示。

（二）插座的安装

目前，民用建筑的插座安装都采用“两相三线制”，即火线（L）、零线（N）、接地线（E）。

（1）插座的预留位置与开关的做法基本一样。

（2）用试电笔测量预留电源是否带电（见图 2-6）。

（3）插座的接线方法如图 2-2（*a*）所示，其中红色导线为火线，蓝色导线为零线、黄色导线为接地线。

（4）建筑使用的插座均为单相和单相接地合为一体的插座，所以敷设导线时应引入三根导线，即一根火线、一根零线、一根接地线。插座外形如图 2-2（*b*）所示。

（三）电气设备安装实例

1. 电气设备平面图的绘制

（1）了解建筑的使用功能及供电形式

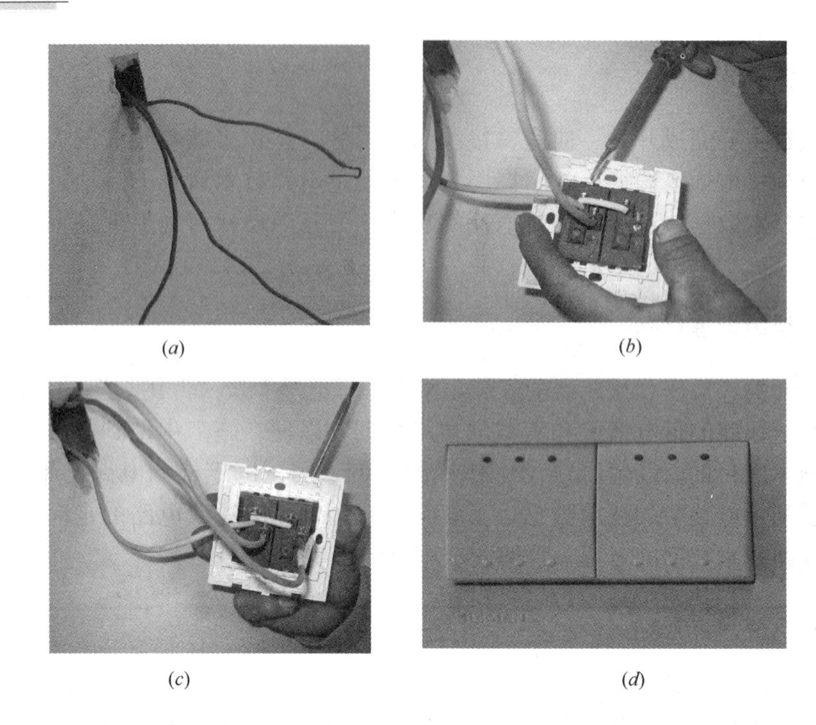

(*a*) (*b*)

(*c*) (*d*)

图 2-1 开关的安装方法

(*a*) 开关预留位置；(*b*) 双联开关线的安装方法；
(*c*) 连接第二联开关图；(*d*) 双联开关外形图

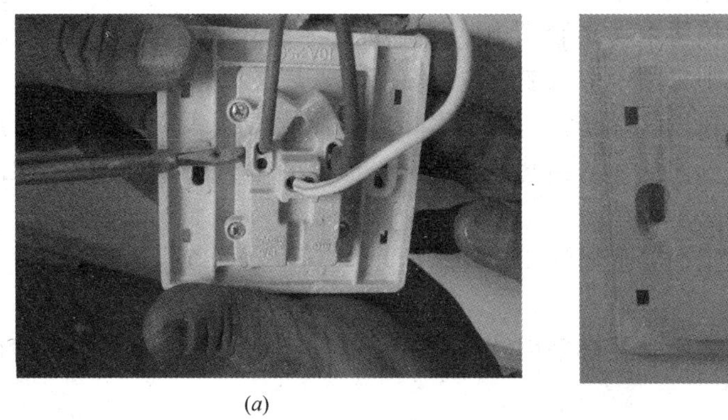

(*a*) (*b*)

图 2-2 插座的安装方法

(*a*) 插座的接线方法；(*b*) 插座外形图

本设计是黑龙江省哈尔滨市松北区学院路的一所使用面积为 120m$^2$ 的民用住宅，供电系统的电压等级为 220/380V，采用三相四线制 Y 型连接入户。

(2) 确定电气设备的位置

1) 开关安装的高度应由设计确定，开关盒一般距地面 1.5m 左右，且考虑门的开启方向。开关与门框的水平距离应为 0.15～0.2m。

2) 插座安装的一般高度为距地 0.3m，特殊场所暗装的插座不小于 0.15m，同一室内插座安装应一致，潮湿场所应采用密封型并带保护地线触头的保护型插座，安装高度大于 1.5m。

3）电气设备平面图的绘制

图 2-3 所示为本住宅的支线进户线、开关及插座的位置。需要注意的是：起居室是集休闲与阅读于一体的房间，两个以上插座其位置应互为相反方向。厨房内插座的高度应在距地 1.8m 的位置，且必须用单相接地插座。

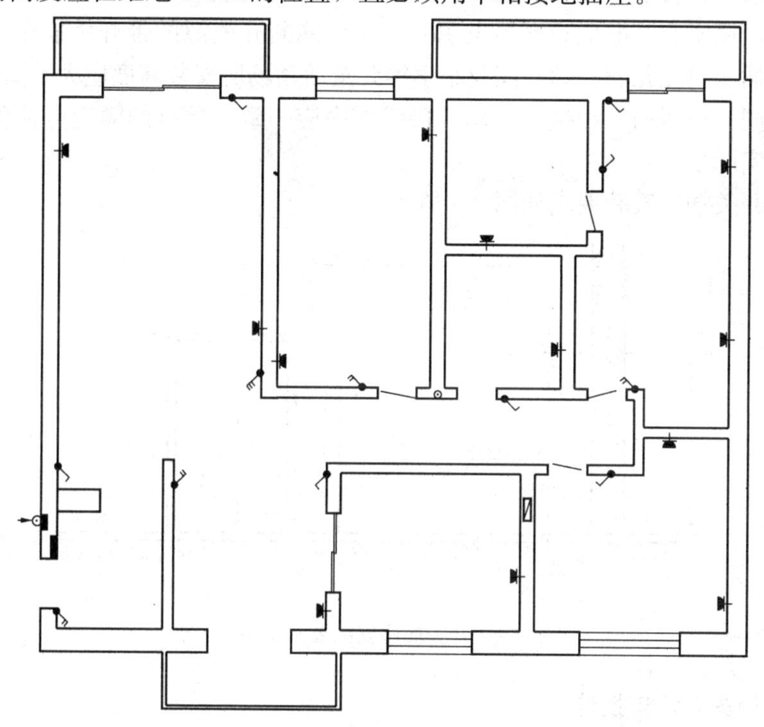

图 2-3　电气设备平面图

2. 开关安装接线规定

（1）开关装置均采用暗装，开关的额定电流值应大于所连接的实际容量，开关装置应设置在负荷中心的位置，这样既可以使各相负荷平衡，又可以节约用电。

（2）并列安装的相同型号开关距地面高度应一致，高度差应小于 1mm，同一室内安装的开关高度差不应大于 5mm。

（3）暗装开关应有专用盒，开关盒周围抹灰处尺寸应正确，边缘整齐光滑，开关盒处应交接紧密、饰面板（砖）镶贴时，开关盒处应用整砖套割吻合，不准用非整砖拼凑镶贴，且应检查管口是否光滑，盒内是否清洁。

（4）跷板开关的面板上，一般可装 1～4 个开关，接线时应使开关切断相线，并根据面板上的标志确定面板装置方向。接线时将盒内导线理顺好依次接线后，将盒内导线盘成圆圈，放置于开关盒内。安装好的开关面板应紧贴建筑物装饰面。凡几盏灯集中由一个地点控制的，不宜采用单联开关并列控制，应选用双联及多联开关，安装接线时考虑好开关控制灯具的顺序，其位置应与灯具相互对应。

（5）不同极性带电部件间的电气间隙应大于 3 mm，绝缘电阻应大于 5MΩ。

（6）卫生间开关应安装防溅面板。

3. 插座的安装接线规定

（1）单相（两孔）插座，面对插座的右孔或上孔与相线连接，左孔或下孔与零线连接；单相三孔插座，面对插座的右孔与相线连接，左孔与零线连接。

（2）接地（PE）或接零（PEN）线在插座间不串联连接。

（3）在三合板上开孔安装时，板后螺钉位置要加附板。

（4）当插座有触电危险电器电源时，采用能断开电源的带开关插座。当不采用安全型插座时托儿所、幼儿园及小学等儿童活动场所安装高度应大于1.8m。

（5）同一场所的三相接地插座，接线相序应一致。插座的额定电流值应大于所连接的实际量。

（6）开关插座安装要求如图2-4所示。

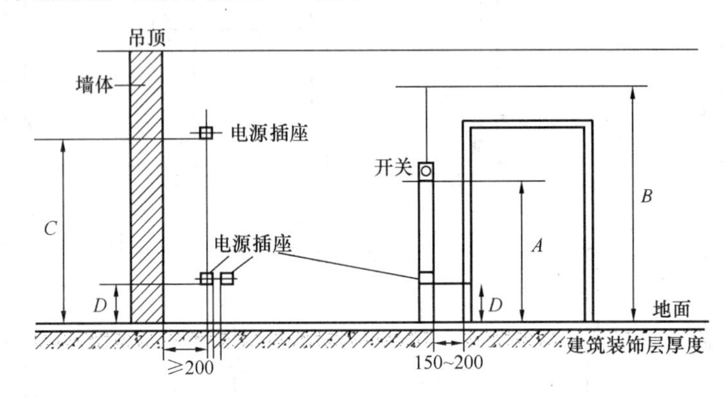


图2-4　开关插座安装要求示意图

## 五、相关知识与技能

（一）试电笔的使用方法

1. 试电笔的结构

试电笔分高压和低压两种，高压的通常称为验电器，低压的则称为试电笔。本教材以低压试电笔为例。它是一种检验低压电线、电器和电气装置是否带电的工具。测量电压为60～500V。常见的试电笔有钢笔式和螺钉旋具式。试电笔的组成由前端的笔尖金属体，内部依次接有电阻、氖管、笔身、氖管小窗、弹簧和笔尾的金属体连接，如图2-5所示。

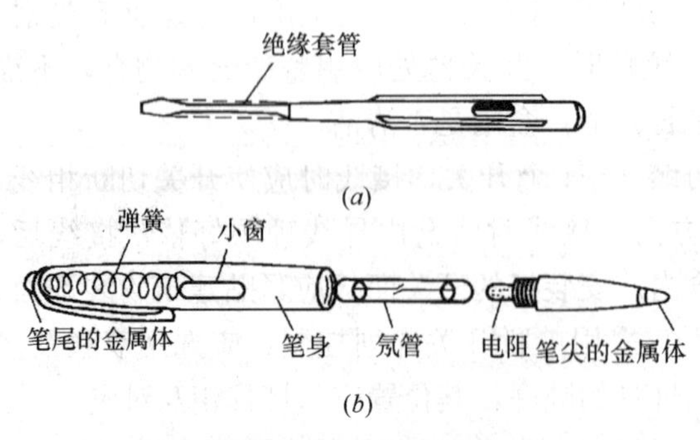


图2-5　试电笔的组成

（a）螺丝刀式；（b）钢笔式

2. 试电笔的用途

（1）区别火线和零线：试电笔触及导线，氖管亮的一根是火线，零线不会使氖管发光。

（2）区别电压的高低：测量时氖管亮，电压高，反之电压则低。

（3）区别直流电和交流电：直流电通过试电笔时氖管的两个

极只有一个极发光，交流电通过试电笔时氖管的两个极同时发光。

（4）区别直流电的正负极：把试电笔连接在直流电的正负极之间，氖管发光的一端为直流电的正极，反之为负极。

3. 试电笔的使用方法

当测带电体是否有电时，试电笔的握持方法按图 2-6 所示。把试电笔握好，前端的笔尖金属体触及带电体，用手握持试电笔，并接触笔尾的金属体，使氖管小窗朝向自己，氖管发红光表明试电笔有电，不发光表明试电笔无电。试电笔不发光可能有以下情况：①测量的是零线或地线；②可能是接触不良；③可能是试电笔的氖管不能正常发光。当测带电体是否有电时，因为大多数情况都是用试电笔接触用电设备的火线，人与大地之间存在着分布电容，交流电对这种分布电容的充电放电，使试电笔氖灯两端交替发光，电阻的作用是限制流经人体的电流，以免发生危险。

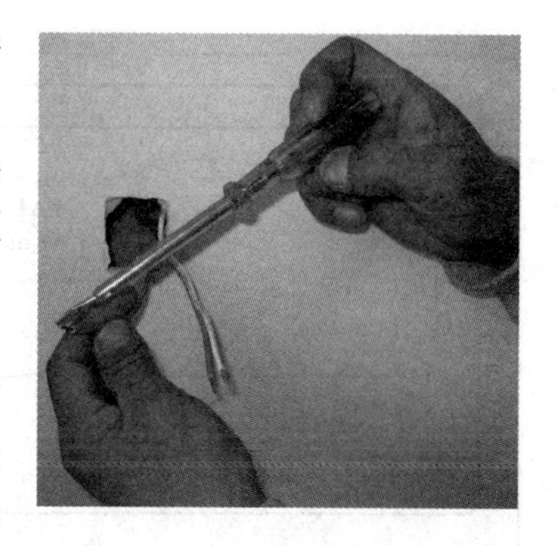

图 2-6　试电笔的握持方法

目前，根据电磁感应原理制造的一种新型试电笔已大批投入使用。它采用微型晶体管机芯，并以发光二极管显示，整个装在一支螺钉旋具中，其特点是：测量时不必直接接触带电体就能显示红光，而且还能利用它来检查导体的断线部位。若检查时将试电笔沿导线移动，红光熄灭点即为导线断点。

4. 试电笔使用注意事项

（1）当试电笔接触到带电体时，不可再用手触摸笔尖或凿头，以免发生触电。

（2）电笔应先在有电处检查绝缘良好后使用。测量时不要将笔尖或凿头同时接触两相导体，或导体与金属外壳间，以防短路。

（3）由于氖管发光在避光处看得很清楚，所以测量时需避光。

（4）为防止触电，可在试电笔的金属杆套上绝缘管，只露出笔尖或凿头。

（5）使用试电笔测量电压时，每一次测量的时间不能超过 1min。

（二）万用表的使用方法

1. 万用表的结构

万用表是电气安装工程中常用的多功能多量程的电子仪表，当配以各种规格的分压电阻和分流电阻时，可以构成电压表和电流表，用来测量交直流电压、电流、电阻及测量电感、电容、晶体管参数等。它由表头、测量线路、量程三大部分组成，如图 2-7 所示。

（1）表头：通常采用磁电式测量机构，其灵敏度和准确度较高。

（2）测量线路：万用表的测量线路由多量程的交、直流“电压表”、“ 电流表”、“欧姆表”组成。实现这些功能是通过测量线路的变换，把被测量变换成磁电系统所能接受的量，它是万用表中心环节。

（3）转换开关：万用表的转换开关是用来选择不同的被测量和不同量程时的切换元件。转换开关里有固定接触点和活动接触点，当活动接触点和固定接触点

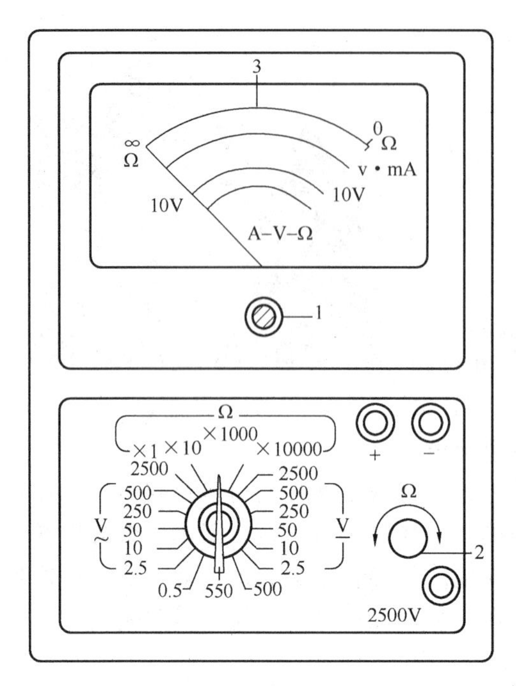


图 2-7　万用表的面盘

1—调零螺丝；2—电阻调零旋钮；3—表面刻度盘

闭合时，就可以接通一条电路。

2. 万用表的用途

万用表是一种多用途、多量程的综合性电工测量仪表，可用来测量直流电流、直流电压、交流电压、电阻等。每一种测量项目都有几个不同的量程，按准确度可分为 0.1、0.2、0.3、0.4、0.5、0.6、0.7 共 7 级，级数越小准确度越高，如：0.2 级的仪表，允许基本误差为±0.2%。由于万用表外形做成便携式或袖珍式，使用较方便，所以在工程和实验中广泛应用。

3. 万用表的使用方法

（1）使用万用表时，首先将两支测试笔插入接线插孔，红色表笔插入有“+”号的插孔，黑色表笔插入有“−”号的插孔，不可反接。

（2）测量前，先检查万用表的指针是否在零位（将表盘上的转换开关拨至电阻档，万用表的两支表笔短接），如果不在零位，可用螺钉旋具在表头的“调零螺钉旋具”上，慢慢地把指针调到零位。然后再进行测量。

（3）测量电压时表笔应并联在电路中，测量电流时表笔应串联在电路中。

（4）当测量交流电压时，转换开关指向“V~”，如果预先不知道电压等级，应由高到低调节电压档位直到指针停留在刻度盘中部位置读出电压值。当测量 500V 以上交流电压时，要选用 0～2500V 和“—”的高压测量插孔，量程开关仍放在 500V 档，测量时将表笔并联在被测电路的两端。

（5）严禁在测量过程中拨动转换开关，以免电弧烧坏触电。

（6）测量电阻时转换开关指向 Ω 调零旋钮，两支表笔短接，使指针指向欧姆刻度盘的“0”刻度上，（如果调不到“0”刻度上说明表内电池电压不足，应更换新电池）。然后用表笔测量电阻。

表盘上×1、×10、×100、×1000、×10000 的符号表示倍率数。

4. 万用表使用注意事项

（1）万用表在未接入电路测量前，需检查转换开关是否在所测档位上，不得放错。

（2）测量电阻时必须将被测量电阻与电源断开。因为电阻档是用电池供电的，此侧电路上的电阻元件不能带电测量，电路中有电容时，必须将电容短路放电，以免损坏仪表。

（3）使用万用表时，选档、测量对象、量程要正确，且注意表笔插孔是否与所测量程项目相符。

（4）测量时，不要接触测试棒的金属部分，以保证安全和测量准确。

（5）万用表使用后，应将转换开关旋至交流电压最高档或空档。

（6）万用表应注意防震、防潮、防高温，不用时应存放在干燥的地方。

（三）荧光灯的工作线路的连接与测量

（1）将电源打开，用试电笔测量电源的带电情况，当氖管发红光表明（氖管小窗朝向自己）该点有电，而且是火线。

（2）如图 2-8 所示，将火线接 1，接入开关的进线端子 2，开关的出线端子 3 接入镇流器的进线端子 4，镇流器的出线端子 5 接入灯管的进线端子 6，灯管的出线端子 7 接入零线 8，灯管的进线端子的另一端 9 与启动器其中的一个端子 10 连接，启动器的另一端 11 与灯管的出线端子另一端 12 连接。图 2-9 为荧光灯电路图。

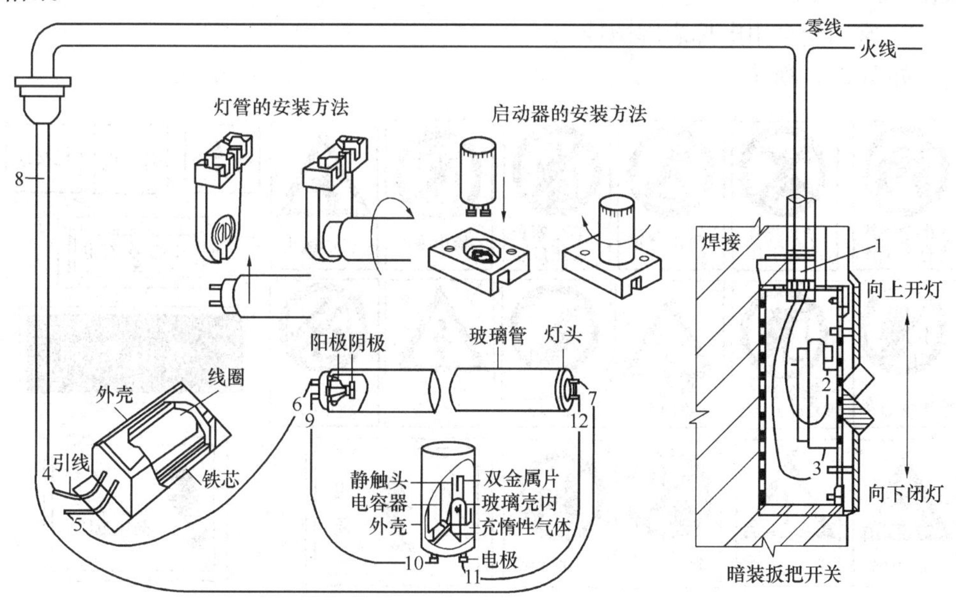


图 2-8　荧光灯的工作线路图

（3）检查无误后合上电源。当电源正常工作后用万用表测量负载电流和电压。测量负载的电流时，万用表的表笔应串联在线路中；测量负载的电压时，万用表的表笔应并联在线路中。

（4）测得负载的电流为 0.45A、灯管电压为 108V。

（5）将测量所得的数据填入表 2-3 中。

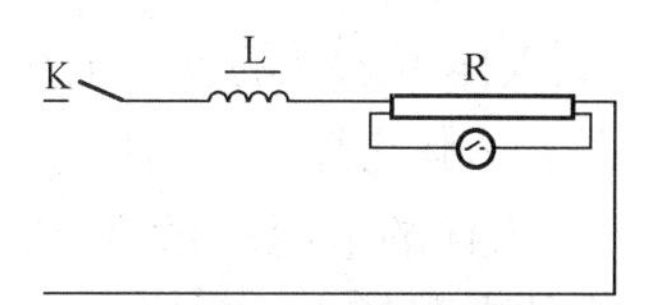


图 2-9　荧光灯电路图

K—表示开关；L—表示整流器；

R—表示灯管的电阻。

⊙表示启动器

**测　量　结　果**　　**表 2-3**

| 灯管型号 | 电源电压(V) | 功率(W) | 工作电流(A) | 灯管压降(V) |
|---|---|---|---|---|
| $YZ_{40}RR$ | 220 | 40 | 0.45 | 108 |

（四）安全用电知识

1. 常用电器设备上的标准安全标志或安全色

（1）电源母线 $L_1$(A)相黄色、$L_2$(B)相绿色、$L_3$(C)相红色；明设的接地母线、零线母线均为黑色；中性点接于接地网明设接地线为紫色带黑色条纹；直流母线正极为赭色，负极为蓝色。

（2）照明配电箱为浅驼色，动力配电箱为灰色或浅绿色，普通配电屏为浅驼色或绿色，消防和事故电源配电屏为红色，高压配电柜为驼色或浅绿色。

（3）电器仪表玻璃表门上应在极限参数的位置上画有红线。

（4）明设的电气管路通常为深灰色。

（5）高压线路的杆塔上用黄、绿、红三个圆点标出相序。

（6）用电环境变配电装置周围应设置明显标志，如“止步、高压危险”“安全操作规程”等。

2. 常用安全用电标志牌图样

如图 2-10 所示。

图 2-10　常用安全用电标志牌图样

3. 人体可承受的安全电压和安全电流

（1）人体电阻

1）人体的电阻一般在 1200～1700Ω 之间，情绪乐观、身心健康、手有老茧的，人体电阻较大，反之，情绪悲观、过度疲劳的人体电阻较小。

2）皮肤粗糙、情绪稳定的人体电阻较大。反之，皮肤细嫩、情绪过度紧张、发热出汗的人体电阻较小。

（2）安全电压

1）安全电压是防止触电事故而采用的由特定电源供电的电压系列，是指人体在触电时所能承受的电压。

2）安全电压不是单指某一个值，而是一个系列。即：42V、36V、24V、12V、6V 需要根据环境条件、操作人员条件、使用方式、供电方式、线路状况等多种因素来选择安全电压的等级，而不是习惯上一律采用 36V 等级的安全电压。根据人体的电阻可求出通过人体的安全电压一般为 12V，空气干燥、工作条件好的地方，安全电压可为 24V、36V，这是我国规定安全电压的三个等级，国际电工委员会（IEC）规定，安全电压的上限值为 50V。

3）安全电压是相对的，如在同等条件下，触电时间长，接触面积和压力大，则危险性大，反之，危险性小。

（3）安全电流

对人体安全电流的确定通常按以下三个基本条件来考虑：

1）感知电流：指能引起人体感觉的电流称为感知电流。通过实验证明，成年男子的感知电流为 1.1mA，成年女子的感知电流为 0.7mA。此电流可在人体中流动很长时间。

2）摆脱电流：指触电电流超过了感知电流使触电者感到肌肉收缩、痉挛，但可以摆脱的电流。通过实验证明，成年男子的最小摆脱电流为 9mA，成年女子的最小摆脱电流为 6mA，此电流在人体中可持续 20～30 秒。

3）危险电流：指人触电后引起心室颤动，造成生命危险的电流。实验证明，通过人体的安全电流应小于 10mA，而在 30 mA 以上将会有生命危险。

4）不同电流对人体的影响：通过人体的电流，超出了人体所能承受的能力，我们把这种情况视为触电。人体触电时会感觉到有针刺感、压迫感、痉挛、血压升高、昏迷、心悸等不良症状，严重者可造成死亡。

4. 触电的形式

（1）单相触电：人接触到一相带电导体时，电流通过人体流入大地，形成回路造成触电。由于电流通过人体的路径不同，所以触电的危险性也就不一样，图 2-11（$a$）所示为中性点接地的低压供电系统，当人体接触一相带电体时，其通过人体的电流为 $I_t$

$$I_t = \frac{U_e}{R_D + R_t}$$

式中：$U_e$——表示低压供电系统的相电压；

$R_D$——表示接地电阻，它的阻值很小远远低于人体电阻；

$R_t$——表示人体电阻。

前面已经讲过，通过人体的电流在 30mA 以下通常不会有生命危险。人体电阻一般在 1200～1700Ω 之间，所以接地电阻若小于 1600Ω 单相触电是很危险的。

如果人站在绝缘物体上，如图 2-11（$b$）将会阻断电流的回路，所以会安全一些。图 2-11（$c$）、（$d$）是中性点不接地供电系统，其中，$U_e$：表示中性点不接地时的相电压，$U_0$：表示当三相不对称时出现的中性点对地的电压。$R_g$：表示每条导线对地的绝缘电阻。由于在中性点不接地供电系统中，一般均采用三角形连接，其相电压等于线电压，等于 380V，所以人体接触到某一相的短路电源造成触电更加危险。

（2）两相触电。人体两个不同部位同时接触两相不同的电体（尤其是双手），电压直接加在人体上，使人体变成导体，与电源形成回路造成触电。这时人体的

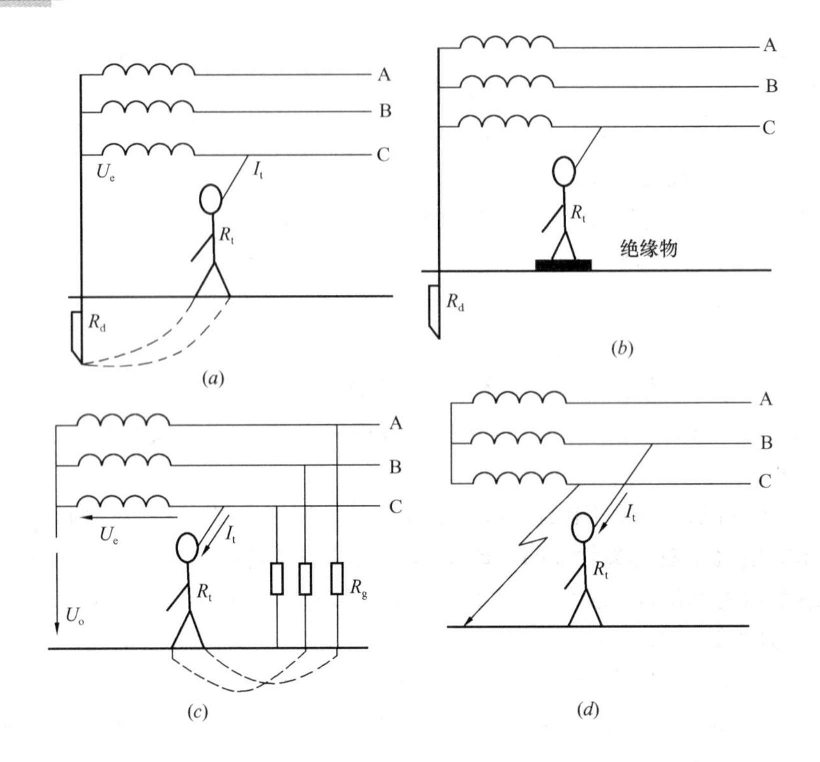


图 2-11　单相触电
(a) 中性点接地；(b) 中性点接地时人站在干燥的木板上；
(c) 中性点不接地；(d) 中性点不接地有一相短路

电压要比单相触电时的电压高，而且电流会直接通过心脏，这是一种最危险的触电形式。如图 2-12 所示。

(3) 跨步电压触电

跨步电压触电一般发生在电气设备接地发生故障，而人在接地电流流入处双脚恰好处于不同的电位圈上，使电流通过人体流入大地，结果导致触电。其双脚间的电位差称为跨步电压，如图 2-13 所示。

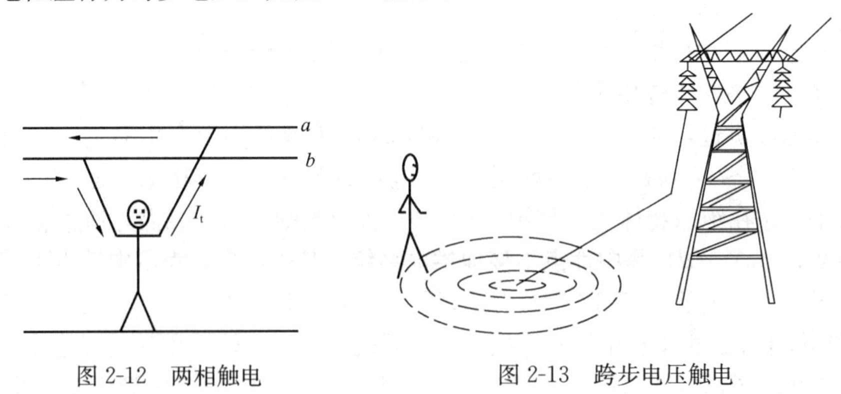


图 2-12　两相触电　　图 2-13　跨步电压触电

5. 预防触电的措施

(1) 远离无绝缘隔离措施的电气设备，运行的电气设备都必须采取接地或接零保护措施。

（2）发现架空电力线断落在地上时，要远离电线落地点8～10m，有专人看护，马上组织抢修。

（3）不得随意用绝缘物体操作高压隔离开关或跌落式熔断器。

（4）导线的截面应与负载电流相配合，尤其是装饰专业大都属于第二次装修，所以导线的截面应低于上一级一个等级，而且不能随意增加下一级的负载。

6. 触电急救措施

如果触电者情况很危险，应根据情况进行必要的急救措施。若触电者神智清醒，最好去医院及时抢救；若触电者已经失去知觉，但有呼吸，心脏还在跳动，首先将触电者放在空气流通、舒适安静的地方平躺下，解开他的衣扣和腰带以利呼吸，然后请医护人员立即到现场或去急救中心抢救；若触电者已经失去知觉，呼吸困难或停止呼吸，应立即为触电者进行人工呼吸，用胸外心脏挤压法急救。

人体触电的形式多种多样，有机械设备的问题，也有个人安全意识不强的原因。但是一但触电事故发生了，我们也应冷静地面对现实，采取相应措施，把事故的损失减至最小。

（1）切断电源。发生触电事故时，应立即切断电源。这里需要强调的是，普通的照明开关并不能把电源真正断开，因为普通的照明开关只能切断一根火线，即一相电源，而触电者有可能不在你切断的这一相，所以要切断电源应切断总电源，使触电者脱离危险。

（2）用绝缘物移走带电导线。发生触电事故时，如果没有办法立即切断电源，应就近找一些可用的绝缘物体，如木棒、竹竿、橡胶手套等将电源移开，使触电者脱离电源。

（3）用绝缘工具切断导线。发生触电事故时，在紧急情况下可用绝缘工具，如用带有绝缘柄的电工钳，木柄斧、刀等切断电源，使触电者脱离电源。

（4）发生触电事故时，如果以上办法都不能实现，救护者可以拉扯触电者的衣服，使触电者脱离电源。

（5）救护人员在救护的过程中不能用手直接操作，应用单手握住绝缘物体进行救护，以确保自身的安全。

（6）救护人员在救护的过程中，应注意触电者所处的位置，避免发生二次事故。如在高处，应采取预防触电者坠落的措施，如在平地，也应注意触电者的倒地方向，避免头部摔伤。

（7）应立即解决临时照明问题。

7. 民用建筑用电安全的基本要求

正常情况下电气设备在运行时不会危害人体的健康和周围的设备，只有设备发生故障时才会对人体的健康和设备产生危害，所以影响电气安全的主要因素有以下几种：

（1）电气设备的问题：如产品的控制设备运行时是否可靠；电气结构的应力是否可靠；设备的接零或接地是否可靠；安全标志照明和疏散指示照明是否运行可靠。

（2）绝缘问题：绝缘电阻、漏电电流、耐压强度和介质损耗等指标是否符合要求。

(3) 民用建筑电气的设计必须符合国家有关标准的要求，主要标准有《民用建筑电气设计规范》JGJ/T 16—1992 和《建筑电气工程施工质量验收规范》GB 50303—2002 等。

(4) 正确使用和设置零线和接地保护线。目前民用建筑引入电源的基本形式有：三相五线制（三根相线（火线）、一根工作零线、一根保护地线），或单相三线制（一根相线（火线）、一根工作零线、一根保护地线）。

(5) 用户电气设备的接线应满足下列要求：

1）电气照明设备的电压为 220V，安装高度除吸顶外，不得小于 2.5m；危险性较大的场所且安装高度小于 2.5m 时，应有安全防护罩。

2）插座的接线应用面对插座的左端子作为零线端子，右端子作为火线端子，上端子作为保护线端子；同理用电设备的插座的接线也是对应的。

3）严禁超负荷运行，禁止一只插座插用多个负荷或随意增大某个回路上的负荷。

4）装有漏电保护器的用户其额定电流不得小于原进户开关的额定电流，动作电流宜采用 30mA 或 15mA，动作时间小于 0.1s。

5）低压配电系统文字符号的意义。低压配电系统有 TT、IT、TN 三种形式，表示三相电力系统和电气装置外露可导电部分的对地关系。

第一个字母表示低压系统的对地关系：T 为一点与大地直接连接；I 为所有带电部分与地绝缘或一点经阻抗接地。第二个字母表示电气装置的外露导电部分的对地关系：T 为外露导电部分对地直接电气连接，与低压系统的任何接地点无关；N 为外露导电部分与低压系统的接地点直接电气连接（在交流系统中接地点通常就是中性点），如果后面还有字母时，表示中性线与保护线的组合；S 为中性线与保护线是分开的；C 为中性线与保护线是合一的。

(五) 配电系统的接地形式

地指大地，在施工中所指的地实际就是自然界的土壤，从工程的角度观察其电气特性，它具有导电性，并有无限大的容量。接地：把电气设备和大地之间构成的电气连接称为接地。接地体：与土壤直接接触的金属导体或导体群。如建筑物或构筑物的基础钢筋就是非常理想的自然接地体。接地装置：把接地体、电气设备、及其他物件和大地之间构成电气连接的设备称为接地装置。

1. TT 系统

TT 系统表示电力系统有一点与大地直接连接，即“保护接地系统”。运行时不带电的电气装置外露可导电部分对地做直接的电气连接。如图 2-14 所示。

2. IT 系统

IT 系统表示电力系统可接地点不接地，或通过阻抗接地，电气装置外露可导电部分单独接地或通过保护线接到电力系统接地极上，如图 2-15 所示。

3. TN 系统

TN 系统表示电力系统有一点直接接地，电气装置外露可导电部分通过保护线与该点连接，按保护线 PE 与中性线 N 的组合情况，有下列三种接地形式：

（1）TN-S系统：表示PE和N线在整个系统中是分开的，所有电气设备的金属外壳均与公共PE线相连，如图2-16所示。

（2）TN-C系统：表示PE和N线在整个系统中是合一的，图2-17所示的PEN线广泛应用于配电变压器的低压电网中。

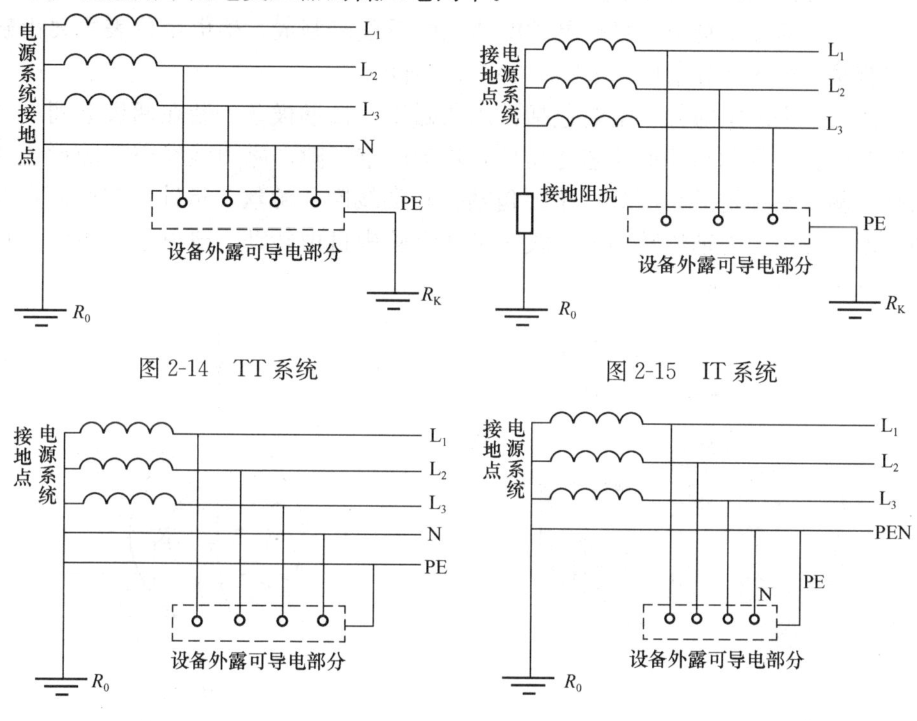


图2-14　TT系统

图2-15　IT系统

图2-16　TN-S系统

图2-17　TN-C系统

（3）TN-C-S系统：表示PE和N线在整个系统中一部分是分开的，他兼顾了TN-S和TN-C系统的特点，这种系统应用于配电变压器的低压电网中，及配电系统末端部环境条件较差或有精密电子设备的场所，如图2-18所示。

在TN-C系统中，为了保证保护接零的可靠性，必须将保护线一处或多处通过接地装置与大地再次连接，这种连接方式称为重复接地。如图2-19所示。

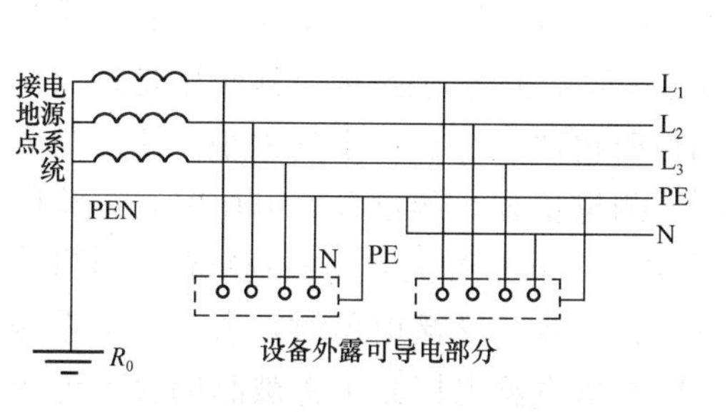


图2-18　TN-C-S系统

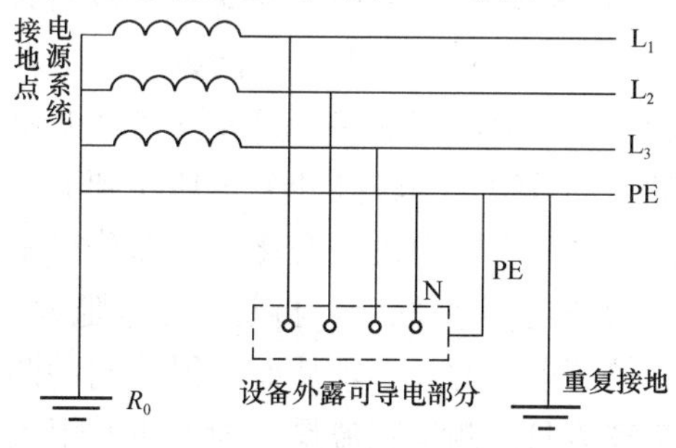


图2-19　TN-C系统的重复接地

## 六、拓展与提高

（一）试电笔的工作原理

当手拿着试电笔测量带电体时（手必须触及笔尾的金属体，用笔尖或凿头接触被测试的电路或电器具的带电体），试电笔经带电体、电笔、人体到大地形成通电回路。只要带电体与大地之间的电位差超过 60V，试电笔中的氖管就会发光。

（二）万用表的工作原理

万用表的表头是由一只高灵敏度的磁电系仪表制成，磁电系仪表主要由磁系统和测量系统两部分组成，如图 2-20（*a*）所示。

磁系统是固定部分，主要包括：永久磁铁、弧形极掌、装在两极掌间的圆柱形铁芯等。极掌和圆柱形铁芯之间具有均匀的空气隙，磁力线经空气隙形成闭合回路。测量系统是活动部分，主要包括：转动线圈、游丝、指针，它们固定在以圆柱形铁芯中心为轴的转轴上，线圈可在空隙中自由转动。磁电系仪表的工作原理如图 2-20（*b*）所示。

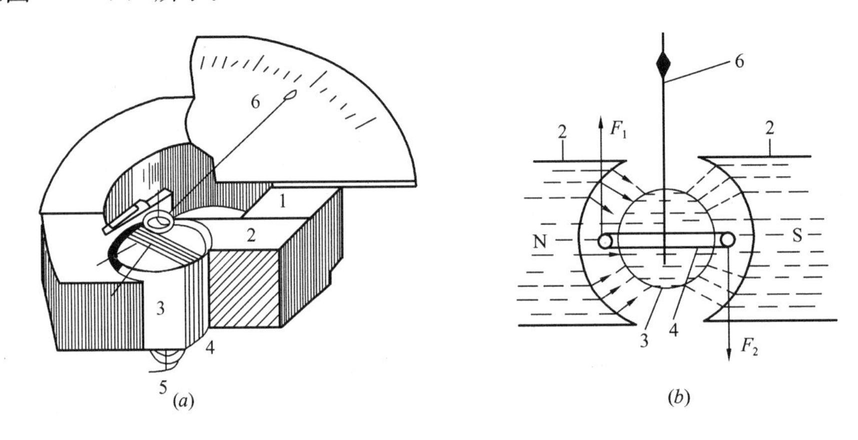


图 2-20　磁电系仪表

（*a*）结构图；（*b*）原理图

1—永久磁铁；2—弧形极掌；3—圆柱形铁芯；4—转动线圈；5—游丝；6—指针

当直流电流通过转动线圈时，线圈受到磁场力 $F_1$ 和 $F_2$ 的作用，（其方向按左手定则确定，大小与通过线圈的电流成正比）产生转动力矩 M，在它的作用下小线圈和转轴的指针相向转动。当转动力矩和游丝的反方向力矩平衡时，指针停止偏转，即可在表盘上锁定读数。万用表的内部电路虽然多种多样但基本原理大致相同。直流电流的测量只涉及到表头和与之并联的分流电阻 $R_i$，其作用是扩大电流表的量程。当转换开关 S 切换到 mA 档位时再改变分流电阻的大小，使之与表头并联的电阻值发生变化，从而获得不同的测量量程。测量直流电压时，分流电阻 $R_i$ 与表头并联后，再与倍压电阻 $Ru_1$ 串联。当转换开关 S 切换到$\underline{\mathrm{V}}$档位时再改变倍压电阻的大小，从而获得不同的测量量程。测量交流电压时，由于磁电系测量仪表只能测量直流量，为了使万用表可以测量直流电压必须将被测的交流电压经过整流而变成直流电流，分流电阻 $R_i$ 与表头电阻 $R_0$ 并联后与倍压电阻 $Ru_2$ 和整流二极管 V 串联。整流二极管 V 的作用是将交流电流变成脉动直流电流，使流过表头的脉动电流的平均值与交流电压有效值成正比，在表头上即可读出交流电压的数值。当转换开关 S 切换到$\underset{\sim}{\mathrm{V}}$档位时通过改变倍压电阻的大小获得不同的测量量程。当转换开关S切换到Ω档位置时，表头内阻 $R_0$ 和分流电阻 $R_i$ 并联后与电池GB、可调电阻 $R$、被测电阻 $R_X$（图中未画出）组成一个简单的欧姆表电路，该电路只有被测电路 $R_X$ 是变化的，通过 $R_X$ 的变化，引起流过表头电流的变化，使指针变化，其偏转角的变化大小，可代表 $R_X$ 阻值的大小，通过改变 $R$ 的大小就可获得不同的测量量程。其测量原理如图2-21所示。

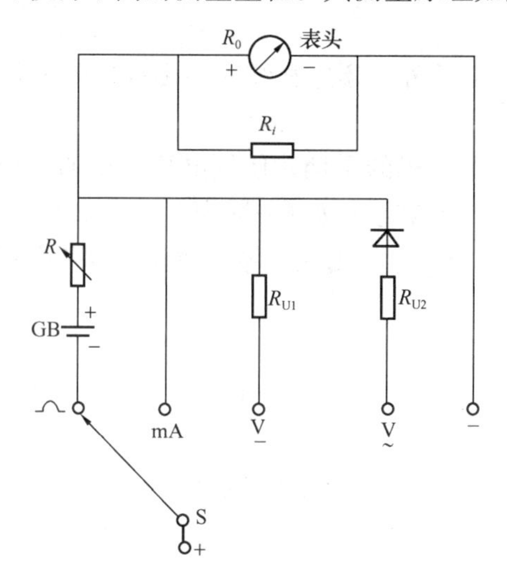

图2-21　万用表测量原理图

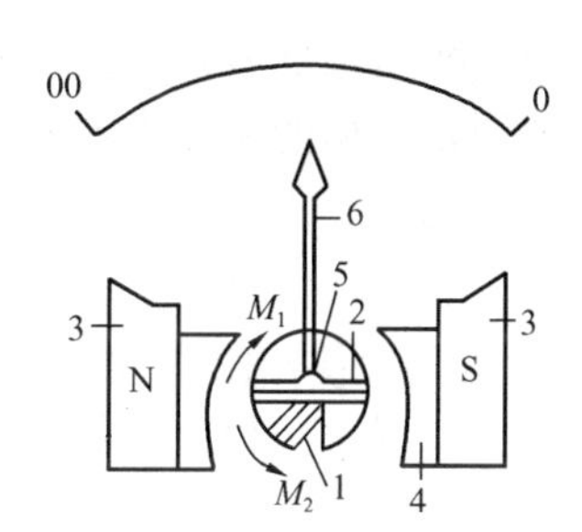

图2-22　比率型磁电系测量机构的基本结构示意图

1、2—线圈；3—磁铁；4—极掌；5—环形铁芯；6—指针

（三）兆欧表

1. 工作原理

兆欧表是利用弹性很小的细金属丝向线圈引入电流的。转轴是靠不均匀的气隙磁场，使线圈在不同的偏移角时产生大小不同的反抗力矩，从而能使指针停留在不同的位置上，因为兆欧表没有在转轴上安装产生反抗力矩的游丝。

兆欧表主要由比率型磁电系测量机构和手摇发电机两部分组成。比率型磁电系测量机构的基本结构如图2-22所示。固定部分由永久磁铁、极掌、环形铁芯组成。可动部分由两个绕向相反、互成一定角度的线圈组成，电流是利用弹性很小的细金属丝引入线圈的，转轴上未装设产生反抗力矩的“游丝”是靠不均匀的气隙磁场，使线圈2在不同的偏转角时产生大小不同的反抗力矩，从而能使指针停留在不同的位置上。因无游丝，所以在未摇动发电机时，指针可以停留在任何位置上。

2. 兆欧表的用途

兆欧表又叫摇表，是专门用来检查和测量电气设备及供电线路的绝缘电阻，因为它的标尺刻度以兆欧为单位，故称为兆欧表。其额定电压有：500、1000、2500、5000V等几种。

3. 兆欧表的使用方法

（1）按被测电路的电压等级选择兆欧表的规格，测量500V以下的电气设备或回路电阻时选用500V兆欧表。兆欧表有三个接线柱接电气线路导电部分（L）可靠接地、屏蔽（G）。

(2) 测量前

1) 将被测设备脱离电源，且清洁表面，充分对地放电。

2) 对兆欧表作开路和短路试验，将兆欧表放平，使L、E两个端钮开路，转动手摇发电机手柄，使其达到额定转速，兆欧表的指针应指在"∞"处；停止转动后，用导线将L、E两个端钮短接，慢慢地转动兆欧表指针迅速回零，说明表是良好的，这时才可以使用。

(3) 测量时除分别将缆芯与缆壳接L、E外，还应将缆芯与缆壳间绝缘层接G，以清除因表面漏电引起误差。

(4) 线路接好后，顺时针转动兆欧表发电机的手柄，使发电机发出的电压供测量使用，手柄的转速由慢到快，逐渐稳定到额定转速（一般为120r/min），允许有20%的变化。如果被测设备短路，指针指向"0"则立即停止转动，以免电流过大损坏仪表。

4. 兆欧表使用时的注意事项

(1) 兆欧表的发电机电压等级应与被测物的耐压水平相适应，以避免被测物的绝缘击穿。

(2) 禁止摇测带电设备，严禁在有人工作的线路上进行测量。

(3) 摇测用的导线应使用绝缘线，两根引线不能绞在一起，其端部应有绝缘套。

(4) 摇测电容器、电力电缆、大容量变压器、电机等容性设备时，兆欧表必须在额定转速下，方可将测量笔接触或离开被测设备，以免因电容放电而损坏仪表。

(四) 钳形电流表

交、直流两用钳形电流表是用电磁系测量机构做成的，卡在铁芯钳口中的被测导线相当于电磁系机构中的线圈，导线中电流在铁芯中产生磁场。位于铁芯缺口中的可动铁片，受此磁场的作用而偏转，从而带动指针测出被测电流数值。

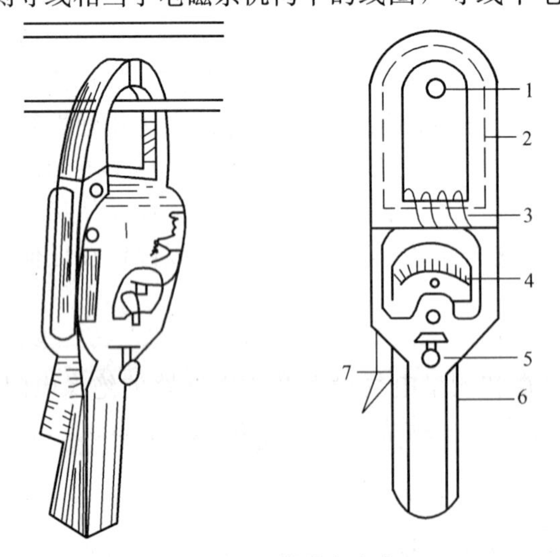

图 2-23 钳形电流表

1—载流导体；2—铁芯；3—磁通；4—二次线圈；5—电流表；6—旋钮；7—手柄

1. 钳形电流表的用途

钳形电流表是在不切断电路的情况下测量电流的便携式仪表，它分为交流和交直流两用类型。用来测量交流电的钳形电流表就是把电流互感器和电流表合装一体而成的一种电流表。

2. 钳形电流表的组成

如图 2-23 所示。

3. 钳形电流表的使用方法

电流互感的铁芯像钳子，测量时按下手柄使铁芯张开，套进被测电路的导线，使被测电路的导线成为电流互感器的原绕组（只有一匝），放松手柄，将铁芯的钳口闭合，使之形成闭合磁路。这时接在二次侧线圈上的电流表就直接指示出被测的电流值。这种钳形电流表一般用于测量 5～1000A 范围内的电流，几种不同量程由旋钮 5 来进行调节。

4. 钳形电流表使用时的注意事项

（1）测量前应先估计被测量电流的大小，以选择合适的限量，或先用较大的量限测一次，然后根据被测电流的大小调整合适的量限。

（2）钳口相接处应保持清洁，如有污垢应用汽油擦洗，使之平整，接触紧密，磁阻小，以保证测量准确。

（3）在测量 5A 以下电流时，为得到较准确的读数，在条件许可时，可将导线向同一方向多绕几圈放进钳口进行测量。这时所测电流实际值应等于电流表读数除以放进钳口中的导线根数。

（4）一般钳形电流表适用于低压电路的测量，被测电路的电压不能超过钳形电流表所规定的使用电压。无特殊附件的钳形电流表，严禁在高压电路中直接使用。

（5）测量时，每次只能钳入一相导线，不能同时放入两相或三相导线。因为在三相平衡负载的线路中，每相的电流值相等。若钳口中放入一相导线时，钳形表指示的时该相的电流值；当钳口中放入两相导线时，该表所指示的数值实际上是两相电流的矢量之和，指示值与放入一相时相同；如果三相同时放入钳口，当三相负载平衡时，钳形电流表读数为零。

（6）为了提高测量的准确性，被测导线应放置在钳口中心位置。钳形铁芯不要靠近变压器和电动机的外壳以及其他带电部分，以免受到外界磁场的影响。

（7）使用钳形电流表时，应戴绝缘手套、穿绝缘鞋。观测表针时，要特别注意人体（包括头部）与带电部分保持足够的安全距离。

（8）测量回路电流时，钳形电流表的钳口必须钳在有绝缘层的导线上。同时要与其他带电部分保持安全距离，防止相间短路事故发生。测量中选择量程应张开铁芯动臂，禁止铁芯闭合情况下变换电流档位。

（9）测量低压母线电流时，测量前应将各相母线用绝缘材料加以保护隔离，以免引起相间短路。同时应注意不得触及其他带电部分。

（10）测量完毕后，把选择开关拨到空档或最大电流量程档位，以防下次使用时因忘记选择量程而烧坏电流表。

（五）建筑供电系统的组成

1. 建筑供配电系统的组成

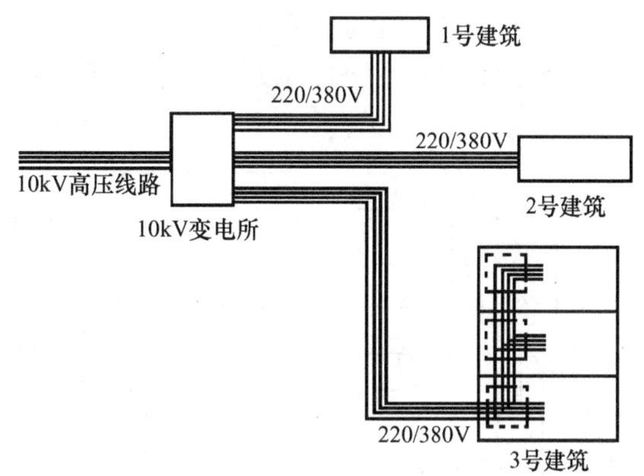

图 2-24　建筑供配电系统示意图

10kV 高压供电电源用于建筑物很大或用电设备很大的单相和三相低压用电，需要在建筑物内

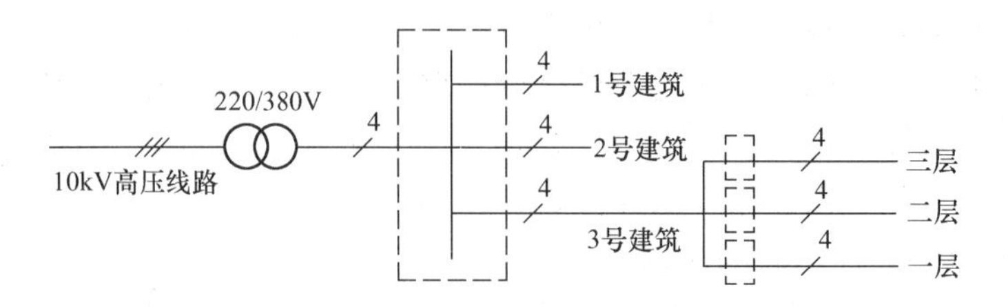


图 2-25 建筑供配电系统图

装设变压器变电室。图 2-24 所示是建筑供配电系统示意图，图 2-25 所示是建筑供配电系统图。从电力网引入 10kV 的高压供电电源经变电所变换为 220/380V 的三相四线制低压供电电源，三条回路分别给三所建筑供电，在每所建筑内又通过配电箱将电源分到各层用户。

2. 常用配电网配电制式

常用的配电网配电制式有单相二线式（图 2-26）和三相四线式（图 2-27）。

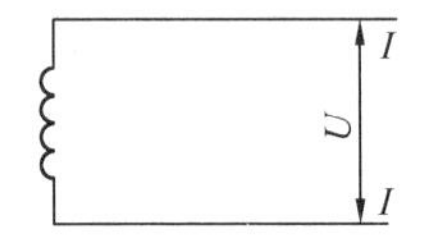


输送功率：$P=UI\cos\theta$

适用范围：单相负荷用电

图 2-26 单相二线式

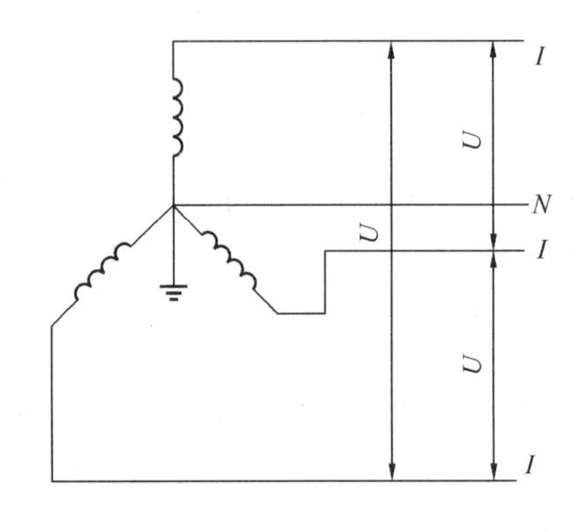


输送功率：$P=\sqrt{3}UI\cos\theta$

适用范围：一般三相负荷与单相负荷混合供电的配电网

图 2-27 三相四线式（星形接线）

3. 常用低压配电系统接线方案

常用低压配电系统接线方式有放射式系统（图 2-28），树干式系统（图 2-29），混合式系统（图 2-30）。

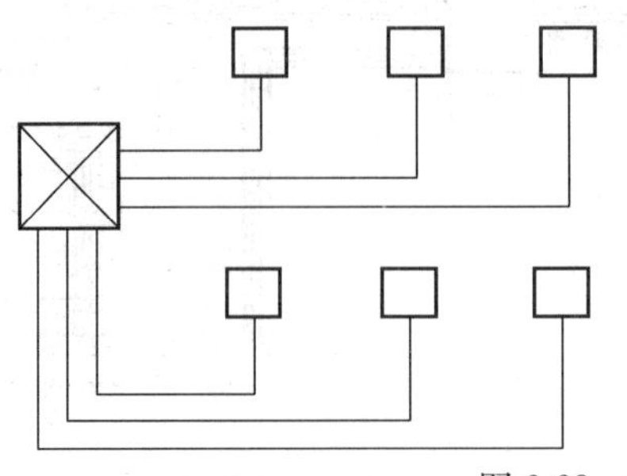

方案说明：配电线路发生故障互不影响，配电设备集中，检修比较方便 但系统灵活性较差，有色金属消耗较多。

可在下列情况下采用：

1. 用量大负荷集中或重要的用电设备。
2. 需要集中连锁启动、停车的设备。

图 2-28 放射式系统

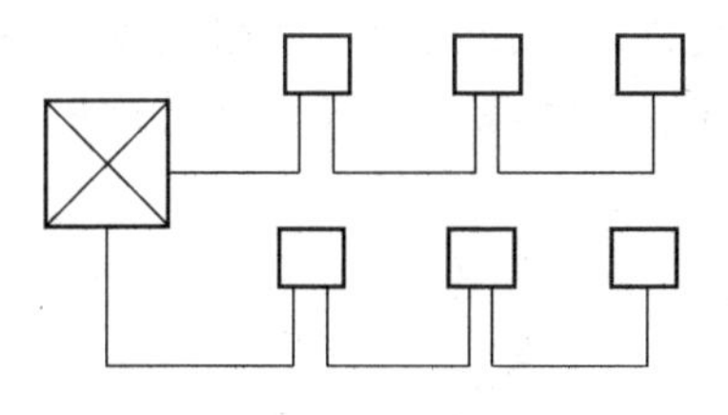

方案说明：配电设备及有色金属消耗较少的系统，灵活性好但配电线路发生故障时影响范围较大。一般用于用电设备布置比较均匀，容量不大，又无特殊要求的场所。

图 2-29　树干式系统

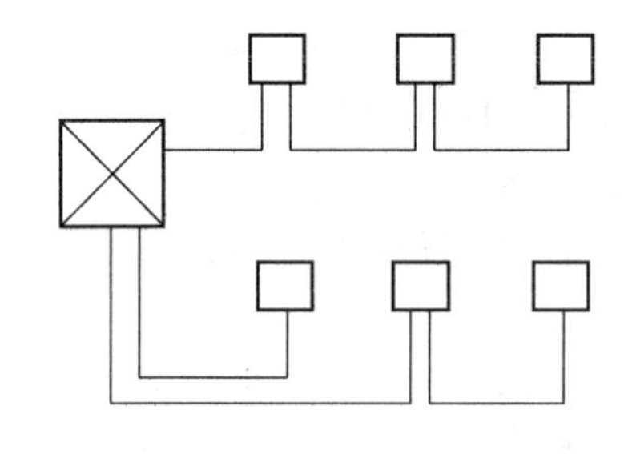

方案说明：配电设备及有色金属消耗较少时，系统灵活性较好，配电线路发生故障时影响范围不大，一般用于用电设备布置比较均匀，容量较大的场所。

图 2-30　混合式系统（或分区树干式）

4. 用电负荷标准

对于照明电源的配电要求除保证安全、方便、美观外，还要保证系统接线简单、灵活、及维修方便。

（1）民用建筑用电负荷规定如下：45$m^2$ 以下为 2.5kW；70$m^2$ 以下为 4kW；100$m^2$ 以下为 6kW；100$m^2$ 以上为 8kW。

（2）设备容量：是建筑工程中所有用电设备额定功率的总和，在向供电部门申请用电时，必须提供这个数据。

（3）计算容量：在设备容量的基础上通过负荷计算得出。

（4）装表容量：又称电度表容量，对于直接由市级供电系统供电的部门，需根据计算容量，选择计量用的电度表，用户限定在这个装表容量下使用电能。

（5）100 人以上的大会议室，礼堂等场所，通常可采用两个专用回路，特别重要的照明负荷应考虑自动切换电源方式。

（6）每个单相回路电流不超过 15A，灯头数不超过 20 个，最多不能超过 25 个。单独回路的插座一般可安装 5 个，最多不能超过 10 个。

5. 注意事项

（1）在潮湿房间如：有浴池的卫生间内，需要设置美容或刮须插座时，应采取隔离变压器供电或由安全超低压及漏电电流不超过 30mA 的漏电电流保护线路供电。

（2）参照建筑设计有关规范规定：卤钨灯和额定功率为 100W 以上的白炽灯，作吸顶灯、光檐照明、嵌入式灯具照明时，引入线应采用瓷管，石棉，玻璃丝等非燃材料作隔热保护。

（3）以跷板开关控制一套或几套灯具的控制方式，在房间的出入口设置开关。包括单联开关和多联开关。

（4）以断路器开关控制一组灯具的控制方式，投资小，线路简单，但由于控制的灯具较多，造成大量灯具同时开关，既浪费能源，又很难满足特定环境下照明要求。

6. 配电箱的选择与安装的基本要求

（1）照明配电箱的分类

配电箱是按线路负荷的要求将各种低压电器设备构成一个整体装置，并且具有一定功能的小型成套电器设备。其作用就是用来接受和分配电能及对建筑物内的负荷进行直接控制。

1）按功能分：有电力配电箱、照明配电箱、计量和控制箱。

2）按结构分：有板式、箱式、落地式。

3）按使用场所分：有户外式、户内式。（户内式包括明装和嵌入式）

（2）照明配电箱安装的基本要求

1）配电箱应安装在干燥、明亮、不易受震、便于操作和维护的场所，不能安装在水池水门的上下侧，若必须安装在水池水门的左右侧时其净距应大于1m。

2）配电箱的安装高度应按设计确定，配电箱底边距地面的高度一般暗装配电箱为4m，安装的垂度偏差应小于3mm。操作手柄距侧墙应大于200mm。

3）在240mm的墙壁内暗装配电箱时，墙后壁需加装10mm厚的石棉板和直径为2mm、孔洞为10mm的钢丝网。再用1∶2水泥砂浆抹平，以防开裂。墙壁内预留的孔洞应比配电箱的外形尺寸略大20mm左右。

4）配电箱金属构件、钢制盘及电器的金属外壳，均应作保护接地（或保护接零）处理。

5）接零系统中的零线，应在引入线处或线路末端的配电箱处做好重复接地。

6）配电箱内的母线应有黄（$L_1$）绿（$L_2$）红（$L_3$）等分相标志。

7）配电箱外壁与墙面的接触部分应涂防腐漆，箱内壁及盘面均刷两道驼色油漆。除设计有特殊要求外，箱门油漆应与工程门窗颜色相同。

（3）配电箱的型号

配电箱的型号通常是用汉语拼音组成，例如X：代表配电箱；L：代表动力；D：代表电能表；M：代表照明。XL合在一起就代表动力配电箱，XM合在一起就代表照明配电箱。

照明配电箱的型号可按以下形式表示：

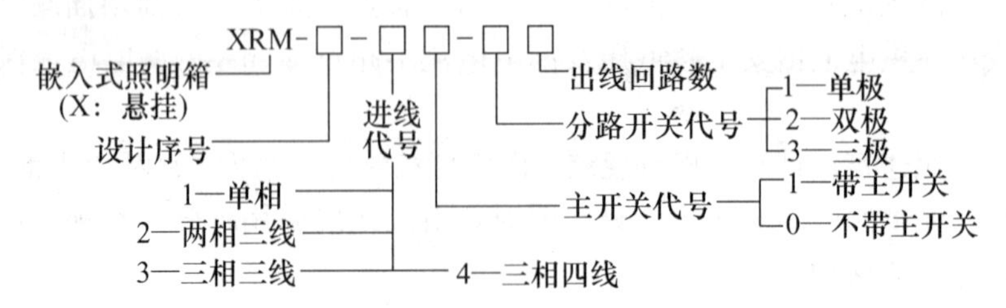

# 任务二　常用照明灯具的安装

## 一、任务描述

照明灯具的安装是在建筑装修接近尾声时进行的，灯具对房间的艺术效果起着很重要的作用，各种光源的直射和漫射，形成和谐、舒适的照明环境，用新颖优美的灯具作装饰，可以渲染气氛、突出重点、演现色彩。在功能和艺术上满足人们的需求，并运用灯光与建筑的基本特性，最终去分析、思考如何创造建筑内部特定的灯光气氛，使之达到节能、无污染、控制简便之目的，让灯光产生最理想的艺术效果。

## 二、任务分析

照明灯具的安装方式通常有：花吊式、吸顶式、嵌入式、壁式。照明灯具的安装，一般在照明线路敷设完毕后进行。照明灯具采用什么样的安装方式，要根据灯具的构造、建筑结构设计的要求来决定。根据房间的使用功能，可分为一般照明灯具的安装和装饰照明灯具的安装。

## 三、技能训练目标

通过照明灯具的安装训练，可以增强学生的动手能力，掌握照明灯具的内部结构，为服务于室内设计打下良好的基础。

## 四、方法与步骤

（一）固定灯具方法简介

照明灯具的安装一般在照明线路敷设完毕后进行，其安装方式要根据灯具的构造、建筑结构设计的要求等来决定。照明灯具的一般安装程序大致为：

1. 做好灯具安装的准备工作（灯具、电工器械等）。

2. 固定方式可采用预埋螺钉、膨胀螺栓、木砖、塑料胀管、弓板等构件固定，灯位固定方法如图 2-31 所示。

3. 将木（或塑料）台固定在工程要求的位置上。

安装绝缘台应在土建喷白后安装，将灯头盒的电源线从绝缘台的穿线孔中穿出，留出接线长度，剥出线芯，将绝缘台紧贴建筑物表面正对位置，用螺钉将绝缘台固定在灯头盒上。图 2-32 是绝缘台与灯头盒为一体的元件，固定时可用螺钉和塑料胀管螺栓固定绝缘台，如图 2-32（*c*）、2-32（*d*），当绝缘台直径在 75mm 以上时用 2 个螺钉或螺栓固定。

图 2-33 为缘台及灯头吊盒的安装操作方法示意图，图 2-34 为绝缘台与灯头吊盒分开的绝缘台安装方法剖面图，图 2-35 为灯头吊盒的安装方法剖面图。

（二）嵌入式灯具的安装

嵌入式灯具的安装应按施工图确定灯具位置，按灯具的直径大小在吊顶板上

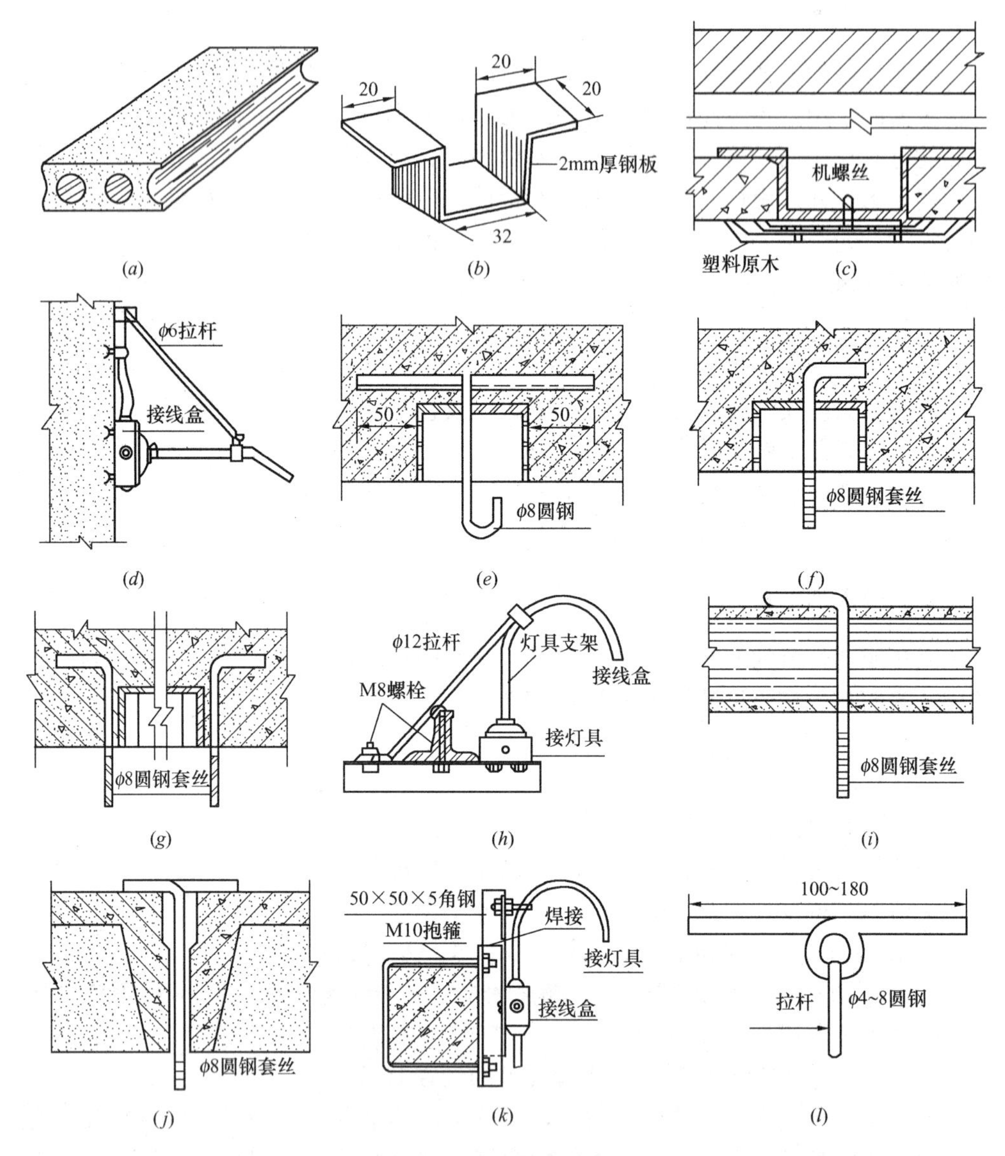


图 2-31　固定灯具的方法

(*a*) 弓板位置示意图；(*b*) 弓板示意图；(*c*) 空心楼板用弓板安装圆木做法；(*d*) 灯具在柱上安装；(*e*) 现浇楼板预留吊环；(*f*) 现浇楼板预留螺栓；(*g*) 现浇楼板预留螺栓；(*h*) 灯具在钢屋架上安装；(*i*) 土心楼板吊挂螺栓；(*j*) 沿预制板链挂螺栓；(*k*) 灯具在屋架侧安装；(*l*) 吊具及拉杆

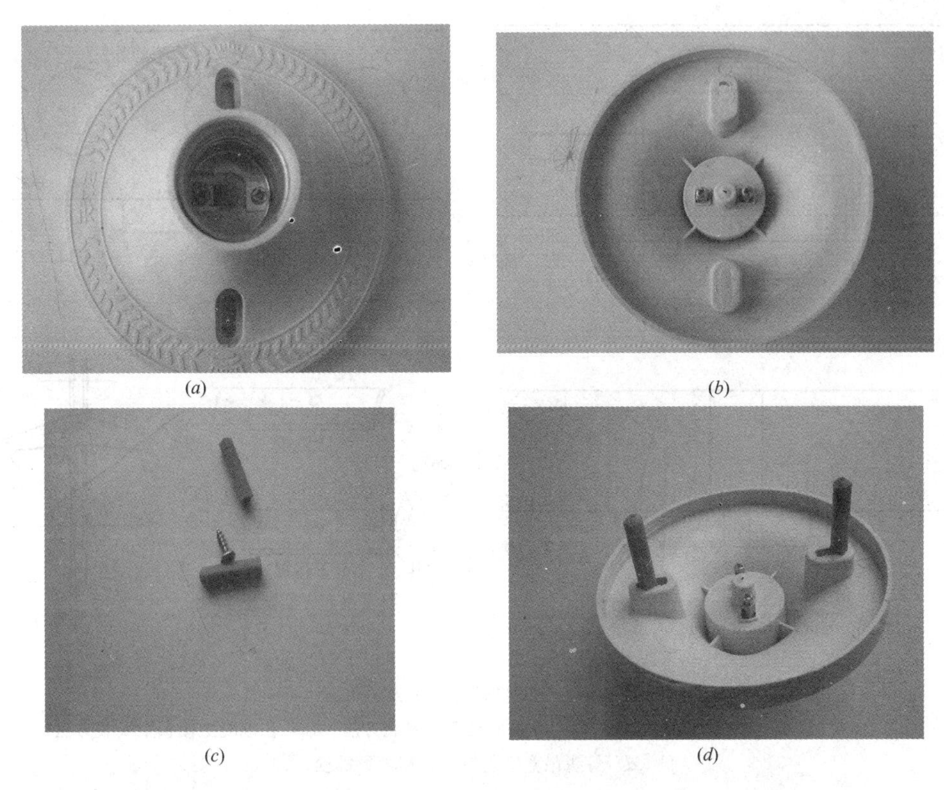
(a)　(b)　(c)　(d)

图 2-32　固定绝缘台的操作方法

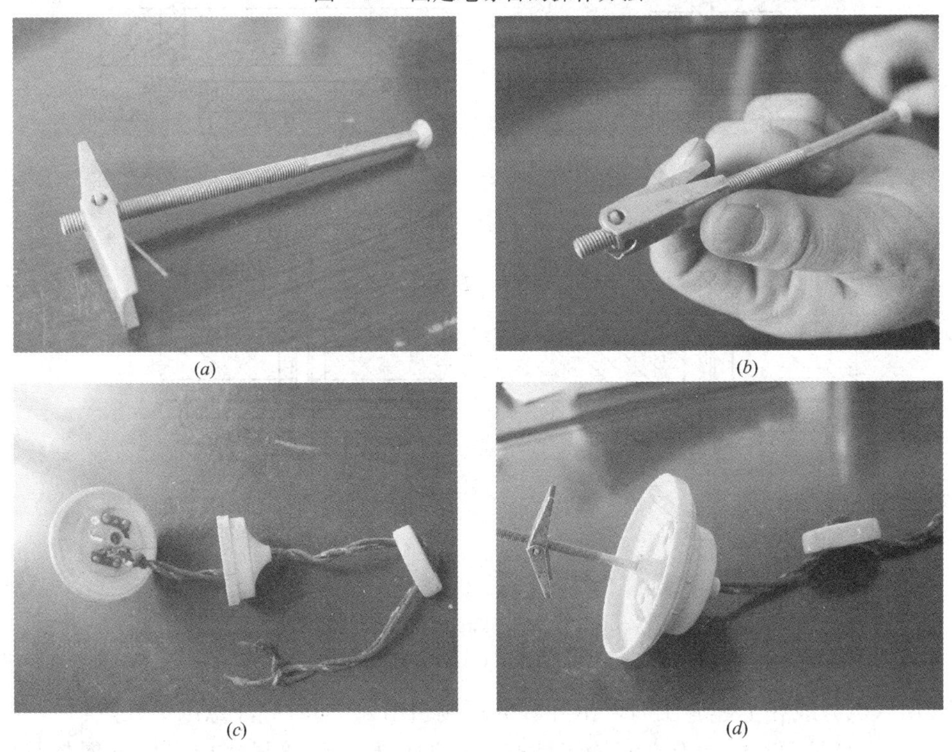
(a)　(b)　(c)　(d)

图 2-33　绝缘台及灯头吊盒的安装操作方法

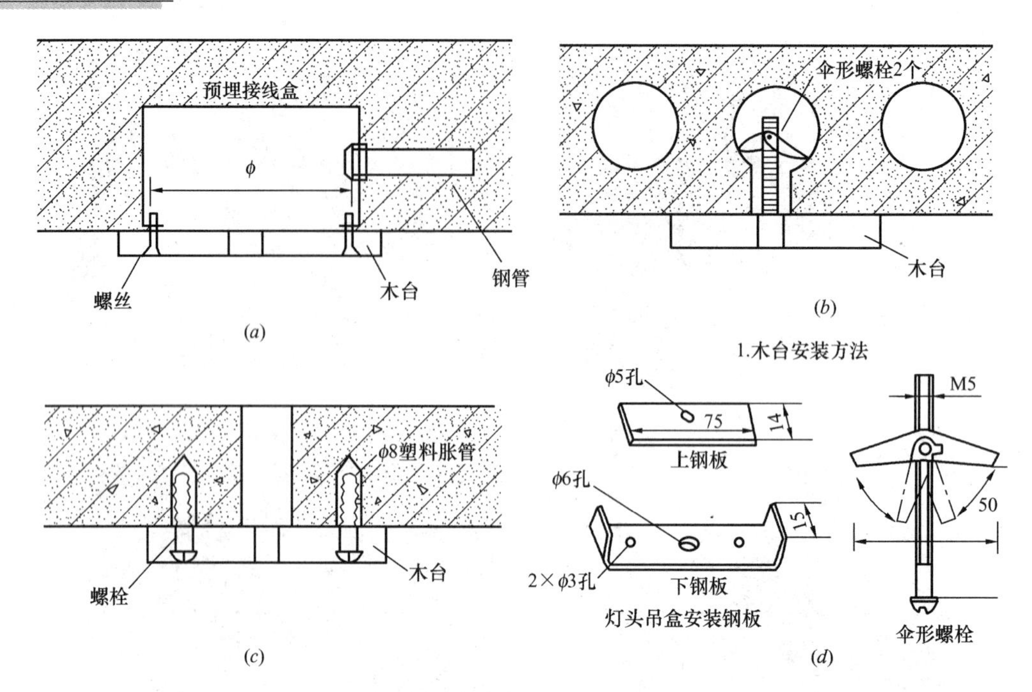


图 2-34 绝缘台安装方法剖面图

(a) 在现浇混凝土楼板上安装方法；(b) 在空心楼板上安装方法；(c) 在混凝土楼板上安装方法；(d) 灯头吊盒安装钢板，和伞形螺栓

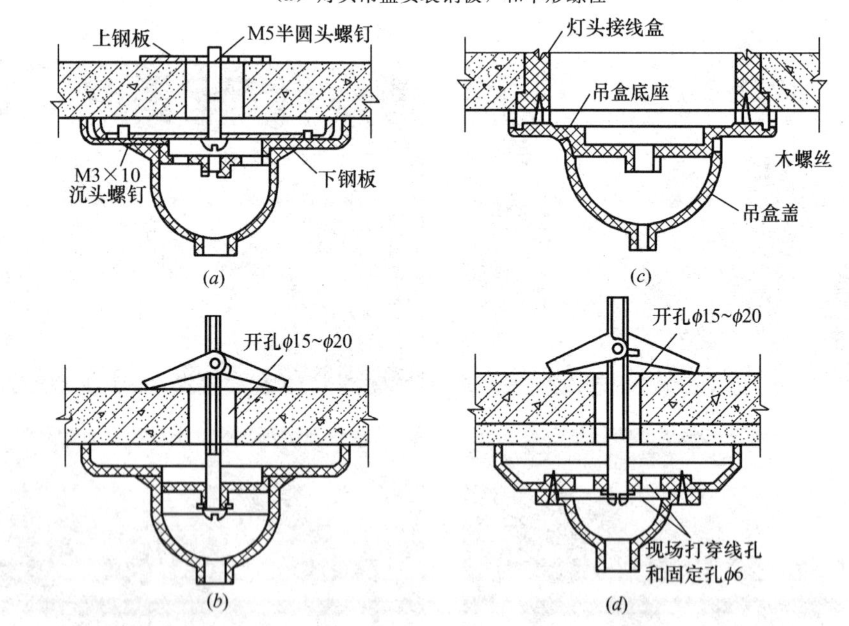


图 2-35 灯头吊盒的安装方法剖面图

(a) 方式一；(b) 方式二；(c) 方式三；(d) 方式四

开口。(电源线在土建施工时，由开好的扳洞引出)。同时应注意以下几点：

(1) 灯具顶部应留有空间用于散热，连接灯具的绝缘导线应采用金属软管保护。嵌入式筒灯安装在吊顶罩面板上，小型嵌入式灯具可直接装在龙骨上，大型

(a)　(b)　(c)　(d)　(e)　(f)

图 2-36　嵌入式灯具与吊顶的连接

(a) 预留的蛇皮管灯头线；(b) 灯具的电器部分结构；(c) 预留的蛇皮管与灯具连接；(d) 将光源安装在灯具中；(e) 灯具固定于吊顶板上；(f) 嵌入式灯具效果图

嵌入式灯具安装时应采用与混凝土板中伸出的铁件相连接的方法。安装时采用曲线锯挖孔，灯具与吊顶面保持一致。嵌入式灯具顶棚开口及嵌入式吸顶灯与吊顶的安装过程如图 2-36。

(2) 灯具应固定在专设的框架上，导线不应贴近灯具外壳，且在灯盒内留有余量。金属软管与接线盒固定时，应采用专用接头，并做跨接地线。采用带阻燃喷塑层的金属软管可不用跨接地线。

(3) 灯具的边框应紧贴在顶棚面上，矩形灯具的边框应与顶棚的装饰直线平行，其偏差应小于 5mm。

(4) 封好盖后将金属软管引入灯具接线盒，压牢电源线。

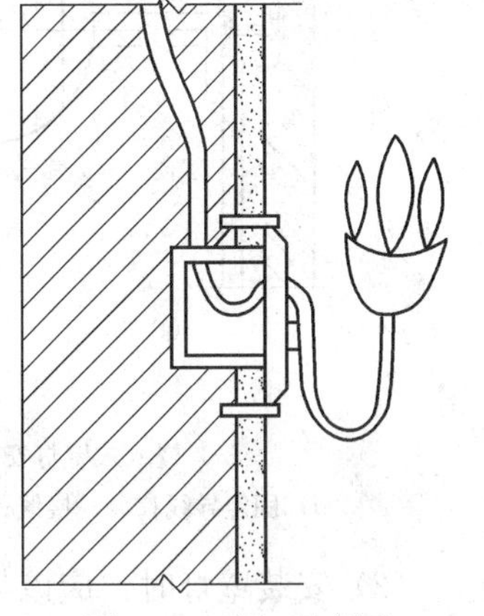

图 2-37　壁灯示意图

(5) 将筒灯从洞口向上推入，用灯具本身的卡具与吊顶板紧密固定。

(6) 调整灯具与顶板，平整牢固，上好灯管或灯泡。

(三) 壁灯的安装

壁灯一般是由底座、支架、光源和灯罩组成，如图 2-37 所示。

(1) 壁灯安装在土建时应配备完整预埋管，并在灯具位置上预埋木盒。应根据底座外形选择合适的绝缘台。安装方法如图 2-38 所示。

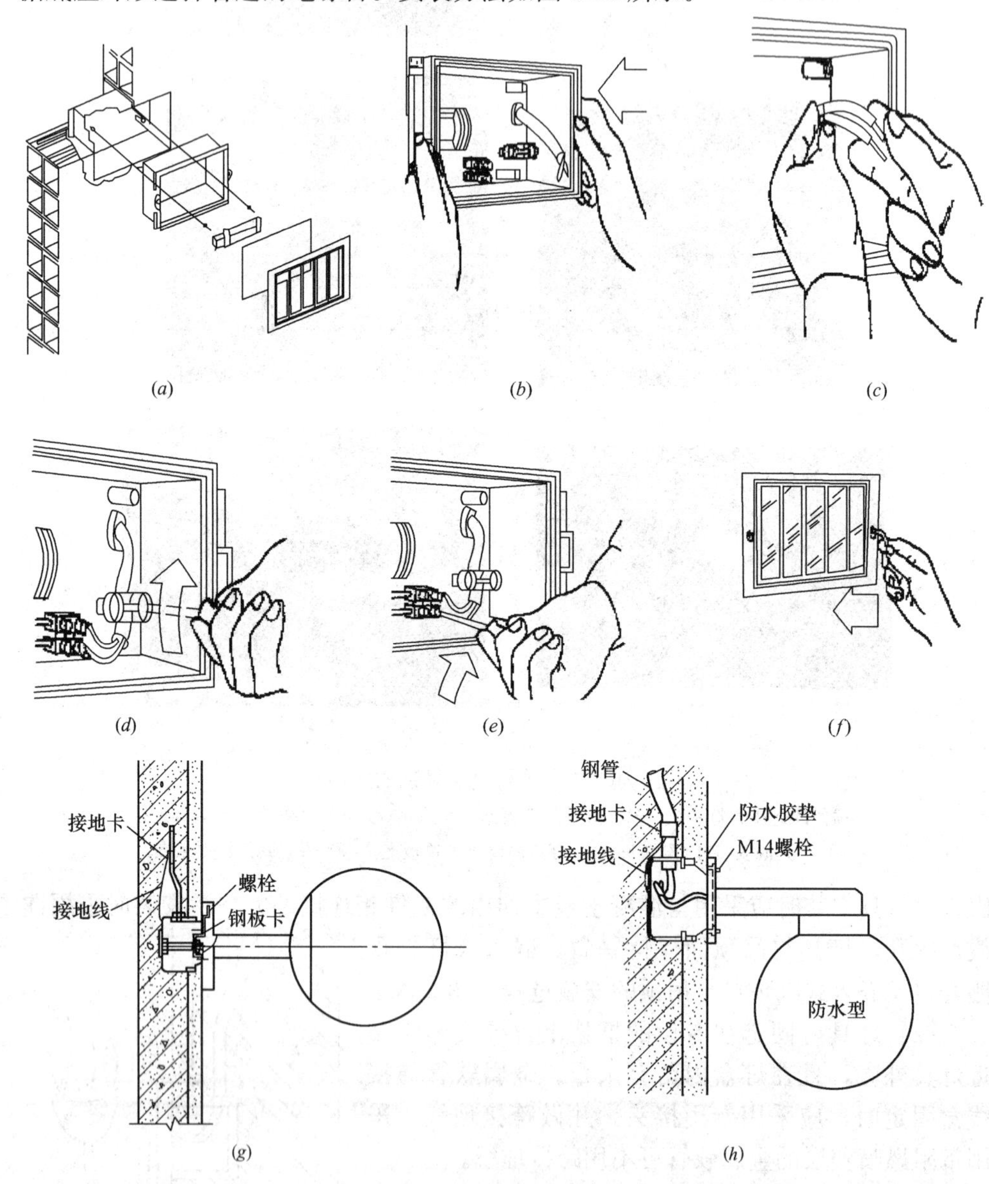


图 2-38 壁灯安装方法

(a) 嵌入式壁灯安装示意图；(b) 穿管固定灯具；(c) 削除电线外皮；
(d) 固定导线；(e) 接线；(f) 安装面盖；(g) 壁灯效果图；(h) 防水型壁灯效果图

(2) 安装壁灯时，应该与装修工作配合，在石材等装饰面上开孔将灯具引线一线一孔由绝缘台出线孔引出，在灯盒内与电源线连接。

(3) 灯头处理好后塞入灯盒内。把绝缘台对正灯盒将其固定牢固，紧贴建筑物表面再将灯具底座用木螺丝钉直接固定在绝缘台上。

(4) 嵌入式壁灯安装在土建时应配备完整预埋管，并在灯具位置预埋木盒。灯具安装时应该与装修工作配合，在石材等装饰面上开孔，灯具安装完毕后，在灯具与墙面壁灯的安装连接处用玻璃胶封堵防水

(5) 壁灯距地面高度应大于 2.5m，若在室外安装的灯具，距地面高度应大于 3m。

(四) 吸顶灯的安装

(1) 吸顶灯有圆形、方形和矩形，其安装形式有明装式和嵌入式两种，光源的配置有白炽灯、荧光灯或其他光源。

(2) 绝缘台固定好后，将灯具底板固定在绝缘台上（无绝缘台时，可把灯具底板直接固定在建筑物表面上），用剥线钳拨开电源线的绝缘胶皮，然后把灯饰的电源线穿过固定座的中心孔。将灯饰的电源线与天花板上的电源线接好，并套上绝缘端子。若灯泡与绝缘台距离小于 5mm 时，灯泡与绝缘台之间用石棉布隔热，防止绝缘台导线受热。

(3) 小型吸顶灯可以先把绝缘台固定在预埋木砖上，也可以用膨胀螺栓固定，3kg 以上的吸顶灯，应把灯具（或木台）直接固定在预埋螺栓上，或用膨胀螺栓固定。

(4) 组合式吸顶灯的安装方法如图 2-39 所示。

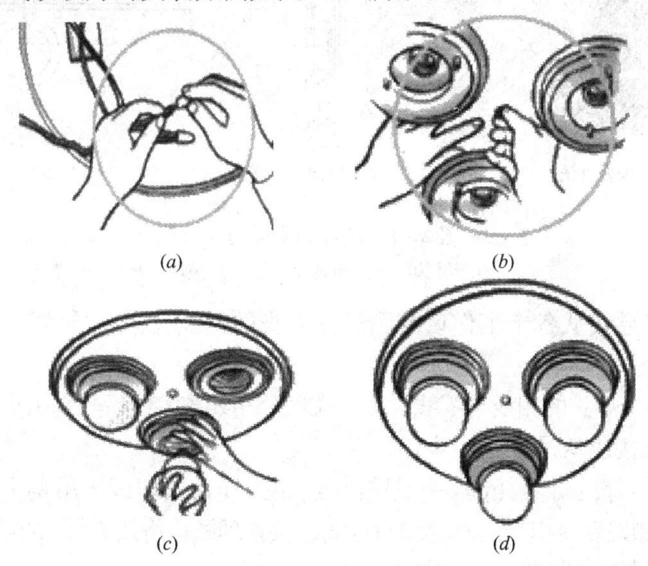


图 2-39　组合式吸顶灯的安装方法

1) 可根据预埋的螺栓盒、灯位盒位置，在灯具托板上用电钻钻好安装孔及盒出线孔。

2) 把托盘的出线孔对准预埋螺栓，使托盘四周与顶棚贴紧。

3) 用螺母将其拧紧。

(5) 吸顶式灯的安装方法剖面图如图 2-40 所示。

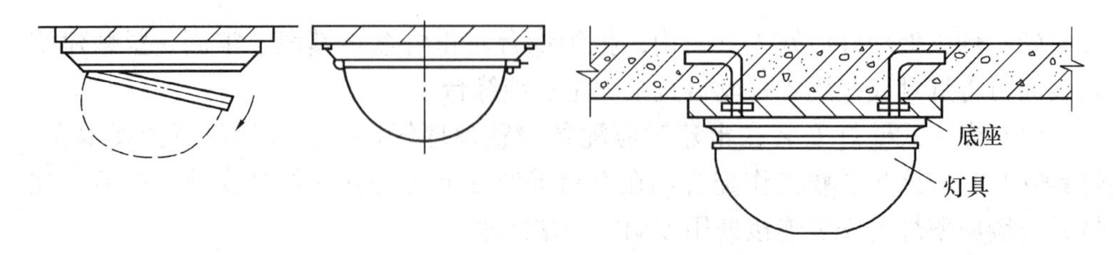


图 2-40　吸顶式灯的安装方法剖面图

（五）花灯的安装

1. 花灯的安装方法

（1）将 6mm 厚的钢板置入顶棚预埋，用 M12 型螺栓将 6mm 厚的钢板连接，并将吊钩和钢板拧紧。

（2）将花灯的花篮螺栓及附件组装好，如图 2-41 所示。

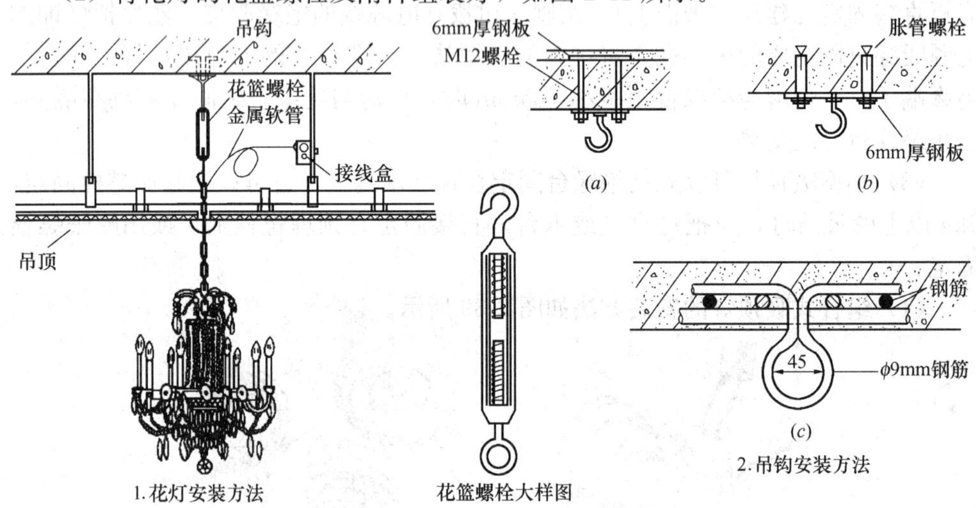


图 2-41　花灯的安装方法

（a）预埋吊钩；（b）明装吊钩；（c）预埋吊环

1）首先将导线从各个工作口穿到灯具本身的接线盒内，导线一端盘线、搪锡后接好灯头。

2）理顺各个灯头的相线与零线，另一端区分相线与零线后分别引出电源接线。

3）将电源接线从吊杆桔中穿出。

（3）将组装好的灯具托起，把吊链穿过扣腕挂在预埋好的吊钩上。

（4）将从扣碗底座引出的电源线与灯线连接，理顺后将接头放入扣碗内拧紧扣碗。

（5）调整吊链，安装灯泡和灯罩。

（6）按灯具质量的 1.25 倍做过载试验。

2. 花灯的装饰效果

在与建筑装饰相协调的基础上造成比较富丽堂皇的气氛，能突出中心，色调温暖明亮，光色美观，有豪华感。环型荧光灯宜产生眩光，建议用有漫射光线的灯罩。图 2-42 为室内安装花灯的效果图，图 2-43 为吊式灯具的安装效果图。

3. 花灯安装注意事项

(a)

(b)

图 2-42　室内安装花灯的效果图

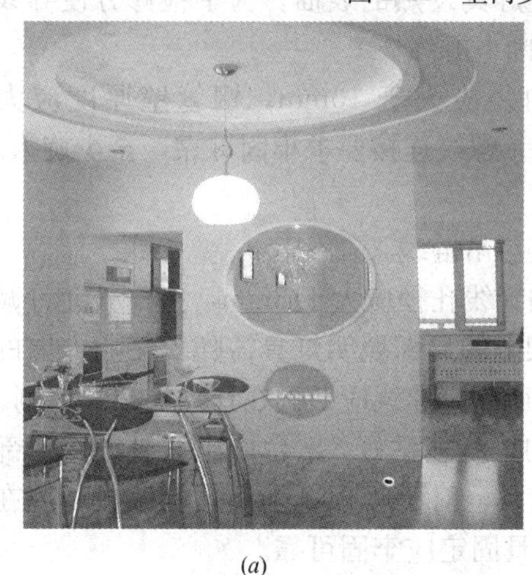

(a)

(b)

图 2-43　吊式灯具的安装效果图

宜用同类型壁灯做辅助照明，使照度均匀，获得对比效果。照明开关应易于控制。

4. 花灯的适用场所

花灯照明会产生豪华的感觉，适用于饭店、宾馆的大厅，大型建筑物的门厅等。

5. 花灯的布置

(1) 花灯最大直径以房间宽度的$\frac{1}{5}$～$\frac{1}{6}$为宜（走廊中可采用$\frac{1}{3}$～$\frac{1}{4}$）。

(2) 花灯间距 $d$ 与花灯最大直径 $L$ 的比值为 $3<\frac{d}{L}\leqslant 5$。

(3) 花吊灯的垂度 $h_{cc}$ 与房间净高 $H$ 之比以 $\frac{1}{3}\geqslant\frac{h_{cc}}{H}\geqslant\frac{1}{4}$ 为宜。

注：花灯的安装方法也适用于吊灯。

## 五、相关知识与技能

### （一）灯具安装的总体要求

1. 灯具及配电设备在安装时应力求安全可靠，操作简单、维修方便，符合质量要求，布置整齐美观并与建筑结构及艺术格调相协调，遵守操作规程，注意人身安全。

2. 保证施工质量、安全运行、加强管理，避免损失、工作面上的照度要均匀，光线射向要适当，避免产生眩光，协调建筑与电气照明装置安装的关系，光源的安装容量减至最低。

3. 大型灯具的安装，要先用5倍以上灯具质量进行过载起吊试验，如需要人站在灯具上时，还要另加200kg的重量。

4. 固定花灯用的吊钩，其圆钢直径应大于灯具吊挂销、钩的直径为6mm。对于大型吊装花灯的固定及悬吊装置，应按灯具质量的1.25倍做过载试验。

5. 嵌入顶棚的灯具，电源线不能贴近灯具发热的表面，为了检修方便导线在灯盒内应留有余量，以便在拆卸时不必剪断电源线。

6. 采用钢管做灯具吊杆时，钢管内径应大于10mm，钢管壁厚度应大于1.5mm，灯架和吊管内的导线不得有接头。螺纹连接要求牢固可靠，至少旋入5～7牙。

7. 吊链灯具的火线不应受力，火线应与吊链编叉在一起。

8. 做局部照明灯的安装时，托架上的穿线孔径应大于8mm，狭窄处允许减少至6mm，穿孔处导线应加保护。移动构架上的局部照明灯具需随着使用方向的变化而转动，导线也不应受到拉力和磨损，所以，导线应敷设在移动构架的内侧。

9. 灯具安装时，先用电钻将绝缘台的出线孔钻好，木台应比灯具的固定部分大40mm塑料台不需钻孔，可直接固定灯具。对于吸顶灯采用木制底台，应在灯具与底台中间铺垫石棉板或石棉布，其灯具固定应牢固可靠。

10. 固定用的螺栓不应少于2个。对于白炽灯泡的吸顶灯具，灯泡与绝缘台之间的距离小于5mm时，灯泡与绝缘台之间应采用隔热措施。

11. 照明灯具在安装中应注意的问题：

1）灯具安装必须牢固，当灯具质量超过3kg时，应将其固定在预埋吊钩或螺栓上。

2）固定灯具时，不能使导线因灯具的自重而受到额外的张力。

3）灯架及管内的导线不能有接头。导线在引入灯具处，不应受到应力的磨损。

4）必须接地和接零的金属外壳，应有专门的接地螺钉与接地线相连。

（二）建筑装饰照明的布置原则

1. 要有充分和谐的照度

照度的高低应依环境的特性而定，而不是千篇一律。主要应该使整个空间有一种开朗明快的气氛，并与周围环境相协调。同时考虑白天和晚上的艺术效果，特别是开灯后的效果。

2. 要有舒适的亮度分布

建筑环境的亮度分布是影响人们视觉舒适感的重要因素，在自然界中，人们经常看到的是明亮的天空和较暗的地面，所以为了满足人眼的习惯视觉最好采用和自然环境接近的亮度分布。故在室内可以将顶棚处理得亮一些。

3. 眩光问题

一般照明中忌讳亮度对比过大，否则会影响人们的视觉。但在艺术照明中往往利用一定的亮度对比来达到强调的目的，一个美丽的艺术灯具常常是引人注目的观赏对象。为了取得华丽、生动的闪烁效果，常用一些有光泽的材料装饰灯具。如：镀金的铁件、晶体玻璃等，视觉上虽然受到了一点影响，但在观赏心理上却得到满足。需要强调的是亮度对比不能过大，否则会产生眩光。

4. 灯光的方向

灯光使用应有针对性。利用光的不同方向形成不同的阴影，可以产生完全不同的观看形象，丰富建筑艺术的表现力。

（三）色调的配合

人工光和自然光的光谱组成不同，所以显色效果也有差别，如果灯光的光色和空间色调不配合就会破坏室内艺术效果，表 2-4 给出电光源对颜色所产生的影响。

**电光源对颜色所产生的影响**　　　　表 2-4

| 色　彩 | 冷光荧光灯 | 3500k 白色荧光灯 | 柔白光荧光灯 | 白炽灯 |
|---|---|---|---|---|
| 暖色<br>红、橙黄 | 能把暖色冲浅或使之灰色 | 能使暖色暗浅，对一般浅淡的色彩及淡黄色，会使之稍带黄绿 | 能使不论任何鲜艳的冷色或暖色看上去更为有力 | 能加重所有暖色，使之看上去鲜明 |
| 冷色<br>蓝、绿、黄绿 | 能使冷色中所有黄色及绿色成分加重 | 能使冷色带灰，但能使其中所含有的绿色成分加强 | 能把较浅的色彩如浅蓝，浅绿等冲淡，使蓝色与紫色罩上一层粉红 | 会使淡色光冷色暗淡及带灰 |

随着社会的不断进步和人民生活水平的不断提高，人类对照明的要求也从功能化转化为装饰化。除了适当的亮度之外，更要求舒适愉快的气氛。装饰照明无论在选用灯具，安装配置的方法及对建筑物本身的要求等因素都与一般照明有所不同，装饰照明由装饰性的部件与光源组合，把建筑艺术与照明艺术协调起来，既突出了艺术效果，又显示出建筑的风格。是照明技术与建筑艺术的统一体，是一个国家和地区科技、文化、和经济发展程度的一种体现。

现代民用建筑不仅注重室内空间的构成要素，更重视所有这些物质手段对室内工作环境所产生的美学效果，及由此对人们所产生的心理效应。因此照明设计应主要从功能上考虑，来满足人们生活和生产的需求。在建筑物内外，灯具不仅是一种技术装备，也是建筑装饰的一个组成部分。所以，建筑装饰照明在满足照度的基础上应强调灯光对称托环境气氛的艺术效果，因此在装饰灯光照度、亮度的分布，光线方向和光色等方面都有特殊的要求。

（四）表 2-5 给出了常用装饰照明方式的特点及装饰效果。

常用装饰照明方式的特点及装饰效果　　表 2-5

| 布置形式 | 特点及装饰效果 | 布灯注意事项 | 缺　点 | 适用场所 |
| --- | --- | --- | --- | --- |
| 花吊灯作室内装饰重点 | 效果较佳，在与建筑装饰相协调下造成比较富丽堂皇的气氛，能得到光源的高照度，有豪华感，光色美观 | 宜用同类型壁灯作辅助照明，使照度均匀，获得对比效果，要求房间的高度较高对于家庭为节约用电，照明开关应易于控制 | 荧光灯管（环形）作的吊灯，会产生眩光，建议用有漫射光线作用的材料做灯罩 | 饭店、宾馆的大厅、大型建筑的门厅 |
| 点光源、吸顶灯、嵌入式直射灯具 | 与房间吊顶共同组成各种花纹，成为一个完整的建筑艺术图案，产生特殊的格调气氛较宁静而不喧闹，加深层次感 | 照明开关应分组控制不能破坏建筑要求的光图案的完整。也可用于住宅使用、用于走廊转角及房间的出入口 | 顶棚太暗处理方法：顶棚作成非同一个平面，以形成层次，主顶棚较高，顶棚四周高度较低，增加两顶棚之间的辅助照明 | 层高低，装饰简洁的场所，如：饭店餐厅 |
| 墙装式照明壁灯 | 室内的辅助照明，在墙上得到美观的光线，重点突出，表现出室内的宽阔 | 布置在走廊、镜子上面用作象征性装饰。一般使用低功率灯泡，避免眩光，安装位置的四周有相当大的空域。对面墙很远，灯应突出墙面，很近的话，需贴着墙面 | | 作为主要照明的辅助照明 |
| 光带 | 线条清晰明朗，能表现现代化建筑的特征，能充分的强调长度感宽度感，高度感，透视感等建筑效果 | 均采用荧光灯，有沿房间横线排列和纵线排列两种 | 纵向式排列易引起眩光，整个天棚的亮度低 | 横向排列适用于百货商店、办公室、地下通路等公共建筑 |
| 全发光天棚 | 顶棚亮度高，光线柔和，照度均匀度高，造成开朗的气氛使人感到舒适轻松 | 注意灯具光源的间隔及光源和透光面距离，为装饰顶棚四周可装置下直射光照明器 | 采用漫射材料作发光面时存在高度对比小，阴影淡，有压抑感，应改用棱镜材料，采用格栅顶棚应有适当的保护角由于大量使用了灯管（泡）发热量大，应注意散热处理 | |
| 光檐照明 | 是一种常用的艺术照明方法，充分表现建筑物的空间感，体积感，取得照明，装饰双重效果，光线柔和，天棚明亮 | 光檐离顶棚不能太近，光檐的结构要能遮住灯的直射光和靠近光源的那部分墙面 | 要达到高照度不经济、采用低照度有困难。在光檐底部使用能漫射光的材料做隔栅，可以充分利用光能，使墙上下部的照度增加 | 适用艺术场所的照明，如剧场观众厅；舞厅 |
| 空间枝形灯照明网及系统照明 | 将相当数量的光源与金属管道组合成各种形状的灯具群，在建筑顶棚以图案展开照明，用各种颜色灯光组成浮云式吊灯，（由 1000 多个 15 瓦灯泡）。具有活跃气氛的光环境，成为建筑物的重要装饰内容，体现建筑物的华丽 | | | 适用于大型厅堂、商店、舞厅；小型枝型灯适用于建筑物的楼梯间和走廊 |

（五）住宅灯具设计实例

以【任务一】 室内电气设备安装实例为例，在电气设备平面图的基础上画出灯具的位置，如图 2-44 所示。由于每个人在家里度过的时间大大超过在办公室、学校等停留的时间，因此改善住宅的光环境是至关重要的。灯具的选择与布置在照明设计中是一个很重要的环节，既要遵守照明规程，又要根据房主的职业特征及爱好选择灯具。

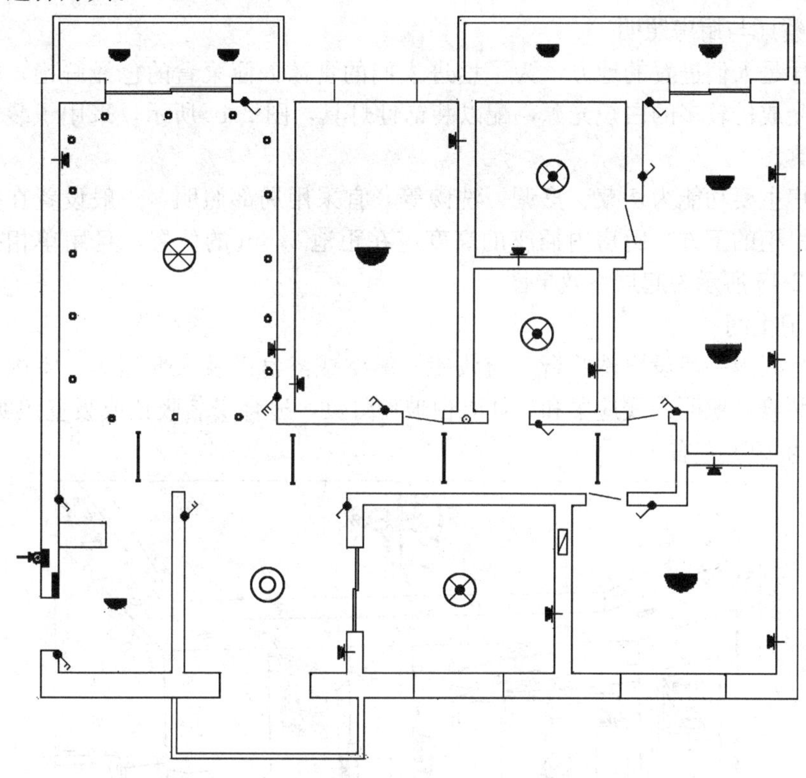

图 2-44　电气设备及灯具平面布置图

1. 起居室

起居室是招待宾客、家人休息、阅读、游戏等活动的房间，应把一般照明、工作照明、装饰照明结合起来，故本设计选用花灯顶棚藻井照明，四周由筒灯照明，既有一种明亮欢快的全面照明，又可使人感到光线柔和，装饰性强。起居室的设计效果如图 2-45 所示。

2. 卧室

卧室是人们夜间休息的场所，通常设有一般照明、床头照明、梳妆照明等，对于面积较大，举架较高的卧室应以花灯为主，其吊杆或吊链应较短，也可嵌入筒灯做辅助照明，举架较矮房间采用吸顶灯，由于卧室的灯需要经常开关，这样对灯的寿命有影响，故一般卧室照明不易使用荧光灯和紧凑型荧光灯，装饰照明一般采用筒灯、小射灯，本设计采用了吸顶灯照明。

3. 书房

书房是供家庭人员读书学习的场所，环境要求有高雅、宁静，具有浓厚的书香之气，应讲究灯光的局部照明效果，灯具的选择不仅要充分考虑到亮度，而且应考虑到外形的色彩和特征，以适合于书房平静、雅致的学习环境。一般工作和学习照明可采用局部照明的灯具，位置可根据室内的具体情况来决定。灯具的造型、格调以典雅隽秀为好，位置不一定在中央，可根据室内的具体情况来决定。一般照度要求不宜过高，在80lx左右即可，书写阅读时，主要靠台灯作为局部照明，照度在300～500lx。

4. 餐厅与厨房照明

餐厅是人们进餐的地方，为了增进人们的食欲，使菜肴的色泽鲜艳，故一般选用红光成份较多的白炽光源，配以装饰性灯具，图2-44所示，采用了装饰吊灯照明灯具。

厨房主要功能为切菜、烹调、洗碗等，宜采用局部照明，一般设置在操作台上方、吊柜的下方。厨房内插座的高度应在距地1.8m的位置，且用单相接地插座。图2-45所示为起居室效果图。

5. 卫生间

卫生间内一般设置洗脸台、梳妆镜、淋浴或浴盆以及大便器等，室内宜用浅色瓷砖装修，照明光线应柔和，如乳白玻璃灯具，适合安装吸顶或吸壁照明设施，其照度为20lx左右。

图2-45　起居室效果图

## 六、拓展与提高

（一）空间枝形网络照明系统的特点及装饰效果

这种灯将相当数量的光源与金属管、架构成各种形状的灯具网络，在空间以建筑装饰的形式出现。图2-46（*a*）所示有的按建筑要求在顶棚上以图案式展开照明，有的在室内空间以树状分布，对于大型空间还有采用“光雕塑”，如用各种颜色的灯光组成浮云式吊灯，一般由1000多个15W的灯泡组成。图2-46（*b*）所示是种空间枝形网络的照明系统，这种照明形式的特点是具有活跃光照环境的气氛，精制的灯具既体现了建筑物的性格又起到了装饰的作用，大规模的网状照明系统适用于大型厅（堂）、商店、舞厅等，小型枝形灯适用于旅店的客房等。

(*a*)

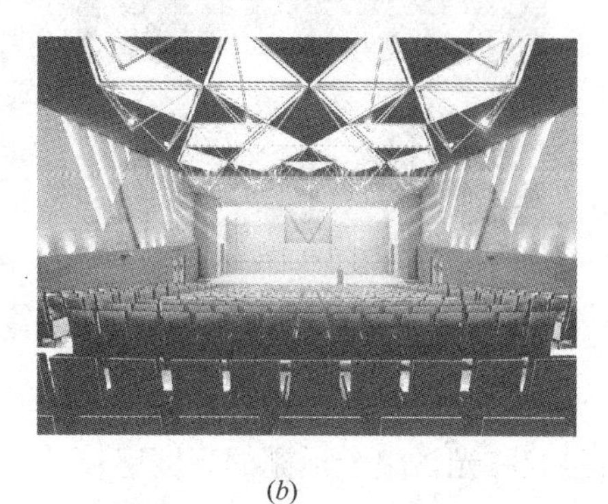
(*b*)

图2-46　空间枝形照明系统

（二）点光源嵌入式直射光照明系统

这种照方式是将点光源按一定方式嵌入到顶棚内，并与房间吊顶共同组成所要求的各种图案。由于照明光源全部为内嵌式，墙壁部分可能较暗，但可产生一种特殊的格调，如图2-47所示。为了克服顶棚太暗的缺点，也可采用半嵌入式灯具以提高顶棚的亮度。为了避免单调，顶棚可以做成非同一平面，如图2-48所示以形成层次，其造型美观，照度均匀。这种布灯方式不严格要求距高比的一致性，以造型为主适当考虑照度均匀性，计算照度时可用利用系数法求平均照度。

(*a*)

(*b*)

图2-47　点光源嵌入式直射光照明系统

（三）线状光源照明的种类

光带是线状光源的一种照明形式，常在顶棚上做成嵌入式、半嵌入式、吸顶式等连续排列形式。

(a)

(b)

图 2-48　点光源半嵌入式直射光照明系统

（1）纵向光带式布灯：使人有畅快感，但因远处光源可以垂直进入眼内，容易引起眩光，整个顶棚的亮度感较低，所以此种方法不太常见。

（2）横向光带式布灯：这种布置方案透视感强，整齐、沉静，令人感到清晰明朗，能充分强调长度感和宽度感及与现代化建筑结合的特点。这种布灯方式从整个顶棚可以看出一明一暗的条纹状，当光源凸出时整个顶棚的亮度较高，给人感觉顶棚明快、热闹，适于布置经常变化的场所，如图 2-49 所示。

图 2-49　横向光带式布灯

图 2-50　格子布灯

（3）格子布灯：这种方法是将荧光灯布置成格子状，发光均匀，近似发光顶棚制作方法，如图 2-50 所示，照度均匀，适于布置经常变化的场所。线状光嵌入式灯具可用开启式、格栅式、扩散玻璃式等，为了提高光效，格栅格片也可以制成单片式，并垂直于管长的方向布置。为了加强结构性，有时在许多横片上加一条纵向栅片，它可以减少眩光，比较美观，但顶棚不够亮，下面照度较低，若用半嵌入式顶棚亮度可以有所改善，如图 2-51 所示。在一般场所，为了提高照度和光的利用率，多用直接吸顶式光带，但切忌使用深色底版，这样对空间亮度的分布和控制眩光都不利，而且效低，有时会造成阴沉的气氛。

（4）发光顶棚

发光顶棚是将许多光源放在天棚内，灯下装置半透明的漫射材料，这些漫射材料作为板状或棍状排列在支持构架内。顶棚亮度高，光线柔和，照度均匀，造成开朗的气氛，使人感到舒适轻松，为了装饰顶棚周边，可装置向下直射光照明器。如图 2-52 光盒式发光顶棚。

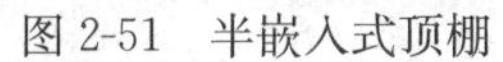

图 2-51 半嵌入式顶棚　　图 2-52 光盒式发光顶棚

（5）光檐

光檐是一种隐蔽形照明常用的一种形式，多用于艺术照明，它是将光源隐蔽在顶棚、梁、墙内，通过反射光进行间接照明，这样能充分显示建筑物的空间感、体积感及装饰的双重效果。光线柔和、顶棚明亮，给顶棚以漂浮高大的效果。这种照明常与其他照明方式混合使用，如单独使用，因受墙和顶棚的限制使光分布不理想、效率低、照度不足。

光檐照明主要适用于艺术场所的照明，如剧场观众厅、舞厅等。随着装饰技术的不断发展，将光檐照明技术引入暗藏灯的照明当中，其二者安装方法及效果完全一致，这里需要指出的是，光檐与建筑物是一体的，是在建筑当中建造而成，而暗藏灯则是在装修时因装饰效果的需要而修建的。暗藏灯的照明艺术效果如图 2-53 所示。

(a)　(b)

(c)　(d)

图 2-53 暗藏灯的照明艺术效果

### 练习题

1. 建筑装饰照明设计有哪些基本要求？
2. 建筑装饰照明的设计有哪些程序？
3. 简述发光顶棚的装饰照明方式、特点及装饰效果。
4. 简述花灯的装饰照明方式、特点及装饰效果。
5. 简述暗槽灯的装饰照明方式、特点及装饰效果。

## 任务三　室内线路的敷设

### 一、任务描述

导线是连接用电设备的枢纽，根据工程的要求确定导线的敷设方法及导线与接线盒、开关、插座的连接和安装。

### 二、任务分析

在工程中要改动原有的供电线路，必须根据国家规定的标准及房间的使用功能来考虑，支线的用电负荷不能大于上一级的平均负荷。

### 三、技能训练目标

通过导线的敷设与安装，应掌握管与管、管与接线盒的连接方法及工程中注意事项，提高动手能力，为走向社会打下良好的基础。

### 四、方法与步骤

导线的敷设有明敷设和暗敷设两种形式。明敷设：导线直接或穿管敷设于墙壁、顶棚表面、桁架、支架等处。暗敷设：导线穿管敷设于墙壁、顶棚、地坪、楼板等处的内部，导线敷设时应有保护物的支撑。

（一）钢管的敷设

1. 钢管在现浇混凝土中暗配安装方法

（1）钢管在现浇混凝土板中暗配时，在钢管下方适当位置要放置 15mm 厚的混凝土垫块，做为支撑。

（2）当线路暗配时，电线保护管宜沿最近的线路敷设，并应减少弯曲。埋入建筑物、构筑物内的电线保护管与建筑物、构筑物表面的距离不应小于 15mm。

（3）当线路暗配时，弯曲半径不应小于管外径的 6 倍；当埋设于地下或混凝土内时，其弯曲半径不应小于管外径的 10 倍。图 2-54 所示为现场埋管图片。图 2-55 所示为弯管器。

2. 钢管敷设的要求

（1）多根导线穿于同一根管时，导线截面的总和（包括外护层）不应超过管内径截面的 40％。

图 2-54　现场埋管

图 2-55　弯管器

（2）管路与其他管道间的最小距离不得小于以下规定：

1）与蒸汽管平行时 1000mm，交叉时 300mm。

2）与煤气配管在同一平面上，间距不应小于 50mm。

3）在蒸汽管下面时为 500mm。

4）电线管路与其他管路的平行间距不应小于 100mm。

（二）硬质塑料管敷设

硬质塑料管敷设过程包括以下四个工序：管的切断、管的弯曲、管的连接、管的敷设。

1. 管的切断

硬质塑料管的切断要求切口垂直整齐。

2. 管的弯曲

硬质塑料管的弯曲角度不宜小于 90°，弯曲半径不应小于管外径的 6 倍，且管的弯曲处不应有折皱、裂缝现象。

3. 管的敷设

（1）硬质塑料管管路水平敷设时，拉线点之间的距离应符合以下要求：

1）无弯路径，不超过 30m。

2）两个拉线点之间有一个弯时，不超过 20m。

3）两个拉线点之间有两个弯时，不超过 15m。

4）两个拉线点之间有三个弯时，不超过 8m。

5）暗配管时两个拉线点之间不允许有四个弯。

（2）硬质塑料管管路垂直敷设时应符合以下要求：

1）导线截面 $50mm^2$ 以下两个拉线点之间 30m。

2）导线截面 70～$90mm^2$ 以下两个拉线点之间 20m。

3）导线截面 120～$240mm^2$ 以下两个拉线点之间 18m。

（3）塑料护套线敷设

由于装饰专业一般都是二次装修，采用导线明敷设，吊顶的机会非常多，所以管路敷设时应符合以下要求：

1）塑料护套线一般用于室内照明工程的明敷设，护套线各固定点的位置一般为100～200mm，转弯处为50～100mm。

2）护套线的固定应使用专用的铝线卡，其技术数据参见表2-6。

**塑料护套线与铝线卡号数的配用**　　　　表2-6

| 导线截面 $mm^2$ | BVV、BLVV双芯 | | | BVV、BLVV三芯 | | 导线截面 $mm^2$ | BVV、BLVV双芯 | | | BVV、BLVV三芯 | |
|---|---|---|---|---|---|---|---|---|---|---|---|
| | 1根 | 2根 | 3根 | 1根 | 2根 | | 1根 | 2根 | 3根 | 1根 | 2根 |
| 1.0 | 0 | 1 | 3 | 1 | 3 | 5 | 1 | 3 | | 3 | |
| 1.5 | 0 | 2 | 3 | 1 | 3 | 6 | 2 | 4 | | 3 | |
| 2.5 | 1 | 2 | 4 | 1 | 5 | 8 | 2 | | | 4 | |
| 4 | 1 | 3 | 5 | 1 | 5 | 10 | 3 | | | 4 | |

3）护套线在敷设中应注意校直，随时收紧护套线，用铝线卡固定护套线时，护套线应位于线夹钉位中心。

4）护套线的连接应通过接线盒或电器器具连接，线与线不能直接连接。

5）护套线在同一平面转弯时，弯曲半径应大于护套线宽度的3倍；在不同平面转弯时，弯曲半径应大于护套线厚度的3倍。

6）护套线明敷设时，中间接头应在接线盒内，暗敷设时板孔内应无接头。

7）塑料护套线与其他管线间的最小距离的有关要求如下：

① 与蒸汽管平行时1000mm，在管道下边500mm。

② 与热水管平行时300mm，在管道下边50mm。

③ 水平或垂直敷设护套线时，其偏移不得大于5mm。

④ 管路沿建筑物表面敷设，一般采用管卡子固定，固定点之间的距离见表2-7所示。

**钢管中间管卡的最大距离**　　　　表2-7

| 敷设方式 | 钢管种类 | 钢管直径（mm） | | | |
|---|---|---|---|---|---|
| | | 15～20 | 25～30 | 40～50 | 65～100 |
| | | 最大允许距离（m） | | | |
| 吊架支架 | 厚钢管 | 1.5 | 2.0 | 2.5 | 3.5 |
| 沿墙敷设 | 薄钢管 | 1.0 | 1.5 | 2.0 | 3.5 |

（4）多根明管并列敷设时，拐角可按同心圆弧的形式排列安装。

（5）明管在吊顶内敷设时，管子可以固定在钢龙骨吊顶的吊杆和吊顶的主龙骨上，并使用吊装卡具安装。如管子内径较大或管子较多时，应与楼顶板或梁固定的支架进行安装。

（三）吊顶内管与盒的连接

（1）室内装修施工中常用的电线管为直径20mm的镀锌电线管和直径8mm吊筋（上带丝扣）如图2-56所示。

（2）施工中当管不够长时，用连接件连接，如图2-57所示。

(a)　　(b)

图 2-56　镀锌电线管和吊筋

(a) 直径 20 镀锌电线管；(b) 直径 8mm 吊筋（上带丝扣）

(3) 连接后拧紧螺钉并将螺钉帽拧掉如图 2-57 (c)、图 2-57 (d) 为管与盒连接的部件。每个灯位或有电线接头的位置必须做个盒结，盒结两侧的吊筋距离应一致，并不得大于 20cm，连接后拧紧螺钉并将螺钉帽拧掉。

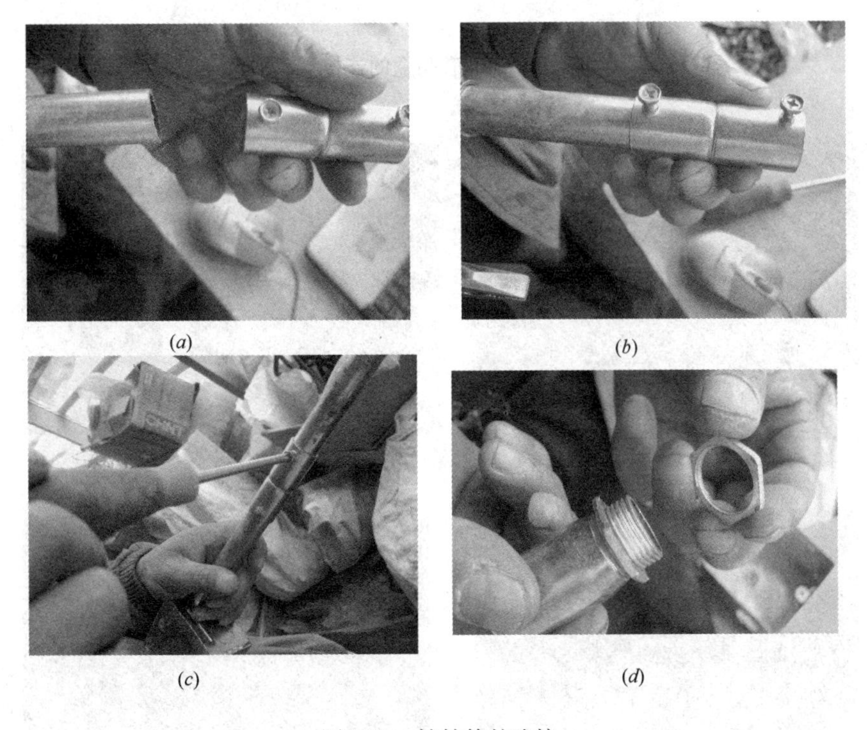

(a)　　(b)

(c)　　(d)

图 2-57　镀锌管的连接

(4) 吊顶内管与盒的连接

吊顶内管与盒的连接如图 2-58 所示。将连接件的螺母拧下，如图 2-58 (a) 所示插入接线盒中，然后拧紧螺母如图 2-58 (b) 所示，再将管与连接件连接如图 2-58 (c) 所示，连接后拧紧螺钉并将螺钉帽拧掉如图 2-58 (d) 所示。

(四) 吊顶中固定管线

吊顶中固定管线的设备如图 2-59 所示。

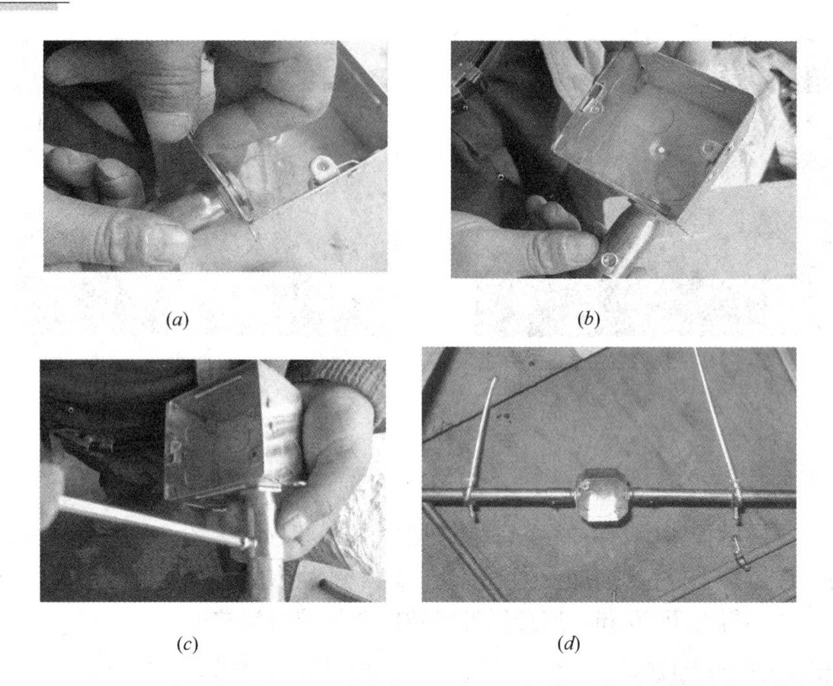

(a) (b)

(c) (d)

图 2-58 管与盒的连接

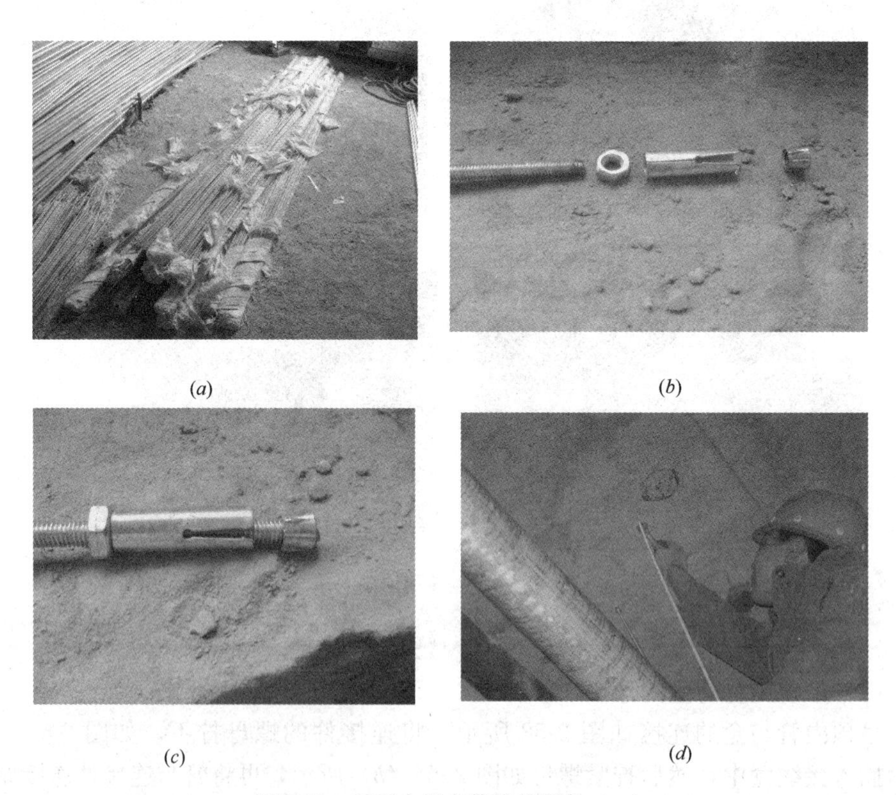

(a) (b)

(c) (d)

图 2-59 吊顶内固定管线的设备（一）

(a) 直径 8mm 吊筋（上带丝扣）；(b) 膨胀螺栓的一种；(c) 内胀螺钉组装；

(d) 把组装好膨胀螺栓的吊筋装入顶棚

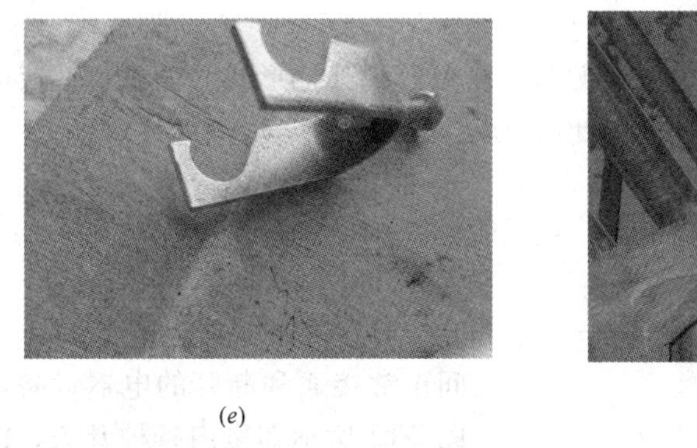

(e)

(f)

图 2-59　吊顶内固定管线的设备（二）

（e）吊装电线管入打好的孔中；（f）卡件（用于吊装电线管）用扳手拧紧

（五）穿线工序

穿线工序如图 2-60 所示。将图（a）所示的穿线用钢丝做成图（b）所示的扣；把电线与钢丝扣如图（c）所示拧紧；

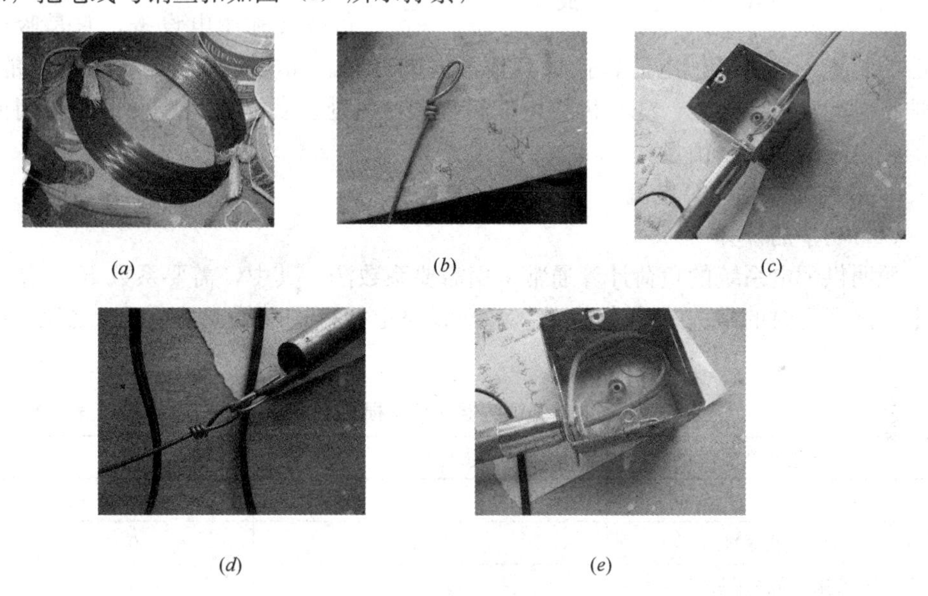

(a)　(b)　(c)

(d)　(e)

图 2-60　穿线工序

把钢丝穿入电线管，并将钢丝从线管的另一头拽出，如图（d）所示，最后把电线头在盒结内盘好如图（e）所示。

## 五、相关知识与技能

（一）电路的组成

电路就是电流通过的闭合路径。不论电路的结构怎样复杂，就其性能而言，都是由电源、导线、控制与保护电器、负载，来实现能量的获得、传输、分配和转换的。

1. 电源

电源是提供电能的装置，是电的源泉，它可以把其他形式的能量转换成电能（如：火力发电、水力发电、太阳能发电、核电站等）。

2. 导线

用来连接电源、控制与保护电器、负载的材料。

3. 控制与保护电器

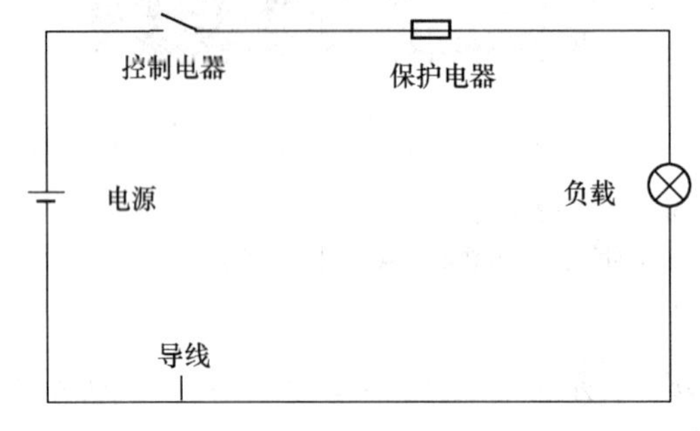


图 2-61　电路的基本组成

(1) 控制电器：电源和负载之间正常接通和断开的电器设备，如图 2-61 所示如室内各种开关、供电系统的各种隔离开关、断路器等。

(2) 保护电器：当电路发生故障时，可立即切断电源，保护线路的安全。

4. 负载

负载又称用电设备，它是吸收电能的装置。它可以把电能转换成其他形式的能量。如电灯将电能转换成光能，电炉将电能转换成热能，洗衣机将电能转换成机械能。负载的大小可用单位时间内消耗电量的大小来衡量。

5. 照明线路的计算电流

(1) 功率的计算

照明供配电系统的负荷计算通常采用需要系数法。其中，需要系数 $K_d$：指线路上实际运行时的最大有功负荷 $P_{max}$，与线路上接入的总设备容量 $P_e$ 之比，即 $K_d = P_{max}/P_e$。

**气体放电光源镇流器的功率损耗系数 α　　表 2-8**

| 光源种类 | 损耗系数 α | cosθ |
|---|---|---|
| 荧光灯 | 0.2 | 0.52 |
| 荧光高压汞灯 | 0.07 | 0.67 |
| 自镇流荧光高压汞灯 | | 0.9 |
| 金属卤化物灯 | 0.14～0.22 | 0.61 |

对于白炽灯和卤钨灯　　$P_{js1} = P_e$　　(2-1)

对于气体放电光源　　$P_{js1} = P_{e1}(1+\alpha)$　　(2-2)

式中　$P_e$、$P_{e1}$——照明器额定功率（W）；

$P_{js1}$——照明计算负荷（W）；

$\alpha$——镇流器功率损耗系数，见表 2-8。

民用建筑内的插座，当没有具体设备接入时，每个按 100W 计算。负荷计算应由负载端开始，经支线、干线至进户线，故计算负荷应由支线开始计算。

(2) 支线负荷

对于白炽光源　　$P_{js2} = K_d P_{js1}$　　(2-3)

对于气体放电光源：　　$P'_{js2}=K_d P_{js1}(1+\alpha)$　　(2-4)

式中　$K_d$——需要系数，参考表2-9。

**照明线路保护用熔体需要系数 $K_d$**　　**表 2-9**

| 熔断器型号 | 熔体材料 | 熔体的额定电流 | $K_d$ 值 | | |
|---|---|---|---|---|---|
| | | | 白炽灯、卤钨灯、荧光灯、金属卤化物灯 | 高压汞灯 | 高压钠灯 |
| $RL_1$ | 铜、银 | ≤60 | 1 | 1.3～1.7 | 1.5 |
| $RC_1A$ | 铅、铜 | ≤60 | 1 | 1～1.5 | 1.1 |

根据规程规定，每一单相支线的电流不宜超过15A，（计算负荷约为2kW），灯和插座数量不宜超过20个（最多不应超过25个）。

（3）干线负荷

对于白炽光源：　　$P_{js3}=K_d\Sigma P_{js2}$

对于气体放光源：　　$P_{js3}=K_d\Sigma P'_{js3}(1+\alpha)$

计算电流是选择导线截面的直接依据，也是计算电压损失的主要参数之一。在照明供电时要注意照明器大多数是单相设备，若采用三相四线380/220V供电，按建筑设计技术规程的规定，单相负载应逐相均匀分配，当回路中单相负荷的总容量小于该回路三相对称负荷总容量的15%时，全部按三相对称负荷计算，当超过15%时，应将单相负荷换算成等效三相负荷，再同三相对称负荷相加，等效三相负荷为最大相负荷的三倍。

1）对于白炽光源照明线路的计算电流为：

单相线路：　　$I_{js}=\dfrac{P_{js}}{V_e}$　　(2-5)

三相线路：　　$I_{js}=\dfrac{\Sigma P_{js}}{\sqrt{3}V_N}$　　(2-6)

2）气体放电光源照明线路的计算电流为：

单相电路：　　$I_{js}=\dfrac{P_{js}}{V_e\cos\theta}$　　(2-7)

三相电路：　　$I_{js}=\dfrac{\Sigma P_{js}}{\sqrt{3}V_N\cos\theta}$　　(2-8)

（4）用电负荷计算

负荷计算的目的是为了合理地选择供配电系统中导线的截面、开关和变压器等用电设备，由于接在线路上的各种用电设备一般不会同时使用，所以线路上最大负荷总要小于设备容量的总负荷，因此，在设计时必须对负荷进行计算。

照明供配电系统如图2-62所示。照明供配电系统的负荷计算通常采用需要系数法。其中，需要系数 $K_d$ 指线路上实际运行时的最大有功负荷 $P_{max}$，与线路上接入的总设备容量 $P_e$ 之比，即 $K_d=\dfrac{P_{max}}{P_e}$。

（二）导线的选择

1. 导线、电缆线的型号的选择

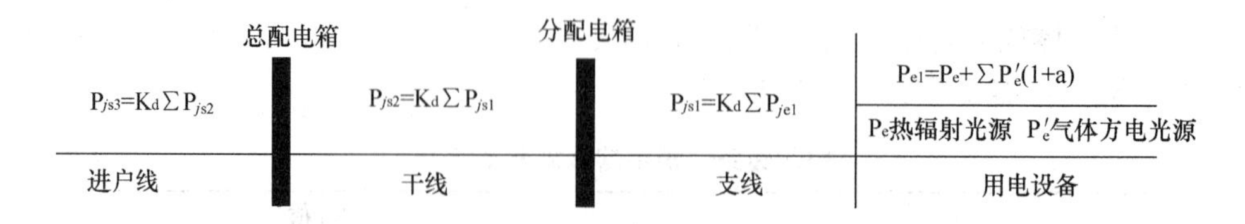


图 2-62　照明供配电系统示意图

导线型号的选择主要考虑环境条件、运行电压、敷设方法、经济和可靠性方面的要求，经济因素除考虑价格以外，应该注意节约有色资源，如优先采用铝芯导线目的是节约用铜，尽量采用塑料绝缘电线，目的是节约橡胶等。

常用照明线路的导线型号及用途见表 2-10。

**常用照明线路的导线型号及用途**　　　　**表 2-10**

| 导线型号 | 名　　称 | 主　要　用　途 |
|---|---|---|
| BX（BLX） | 铜（铝）芯橡皮绝缘线 | 固定明、暗敷设 |
| BXF（BLXF） | 铜（铝）芯氯丁橡皮绝缘线 | 固定明、暗敷设。优选户外 |
| BV（BL） | 铜（铝）芯聚氯乙烯绝缘线 | 固定明、暗敷设 |
| BV-105（BL-105） | 耐热 105℃铜（铝）芯聚氯乙烯绝缘线 | 用于温度较高的场所 |
| BVV（BLVV） | 铜（铝）芯聚氯乙烯绝缘线、聚氯乙烯护套线 | 用于直贴墙壁敷设 |
| BXR | 铜芯橡皮绝缘软线 | 用于 250V 以下的移动电器 |
| RV | 铜芯聚氯乙烯软线 | 用于 250V 以下的移动电器 |
| RVB | 铜芯聚氯乙烯绝缘扁平线 | 用于 250V 以下的移动电器 |
| RVS | 铜芯聚氯乙烯绝缘软绞线 | 用于 250V 以下的移动电器 |
| RVV | 铜芯聚氯乙烯绝缘线、聚氯乙烯护套软线 | 用于 250V 以下的移动电器 |
| RVX-105 | 铜芯耐热聚氯乙烯绝缘软线 | 同上，耐热 105℃ |

2. 导线截面的选择

导线截面的选择一般应遵守以下原则：

（1）按机械强度选择导线的最小允许截面

导线和电缆在敷设过程中或敷设后都会受到拉力或张力的作用，因而需要有足够的机械强度，导线受力大小与敷设方式有关，表 2-11 给出在各种敷设方式下导线允许的最小截面。

**按机械强度要求的导线允许最小截面**　　　　**表 2-11**

| 导线敷设方式 | | 最小截面（$mm^2$） | | |
|---|---|---|---|---|
| | | 铜芯软线 | 铜　　线 | 铝　　线 |
| 照明用灯头线 | 室内 | 0.5 | 0.8 | 2.5 |
| | 室外 | 1 | 1 | 2.5 |
| 穿管敷设的绝缘导线 | | 1 | 1 | 2.5 |
| 塑料护套线沿墙明敷线 | | | 1 | 2.5 |

续表

| 导线敷设方式 | 最小截面（$mm^2$） | | |
|---|---|---|---|
| | 铜芯软线 | 铜　　线 | 铝　　线 |
| 敷设在支持件上的绝缘导线 | | 1 | |
| 室内，支持点间距为 2m 以下 | | 1.5 | 2.5 |
| 室外，支持点间距为 2m 以下 | | 2.5 | 2.5 |
| 室外，支持点间距 6m 及以下 | | 2.5 | 4 |
| 室外，支持点间距为 12m 及以下 | | | 6 |

（2）按发热条件选择导线的最小允许截面

通过负荷计算得出回路的电流值，查表 2-12 得出导线的最小允许截面。

**导线的最小允许截面**　　　　**表 2-12**

| 导线截面 $mm^2$ | 导线明敷设 | | | | 橡皮绝缘导线多根同穿在一根管内时允许负荷电流（A） | | | | | | | | | | | |
|---|---|---|---|---|---|---|---|---|---|---|---|---|---|---|---|---|
| | 25℃ | | 30℃ | | 25℃ | | | | | | 30℃ | | | | | |
| | 橡皮 | 塑料 | 橡皮 | 塑料 | 穿金属管 | | | 穿塑料管 | | | 穿金属管 | | | 穿塑料管 | | |
| | | | | | 2 根 | 3 根 | 4 根 | 2 根 | 3 根 | 4 根 | 2 根 | 3 根 | 4 根 | 2 根 | 3 根 | 4 根 |
| 2.5 | 27 | 25 | 25 | 23 | 21 | 19 | 16 | 19 | 17 | 15 | 20 | 18 | 15 | 18 | 16 | 14 |
| 4 | 35 | 32 | 33 | 30 | 28 | 5 | 23 | 25 | 23 | 20 | 26 | 23 | 22 | 23 | 22 | 19 |
| 6 | 45 | 42 | 42 | 39 | 37 | 34 | 30 | 33 | 29 | 26 | 35 | 32 | 28 | 31 | 27 | 24 |
| 10 | 65 | 59 | 61 | 55 | 52 | 36 | 40 | 44 | 40 | 35 | 49 | 43 | 37 | 41 | 37 | 33 |
| 16 | 85 | 80 | 79 | 75 | 66 | 59 | 52 | 58 | 52 | 46 | 62 | 55 | 49 | 54 | 49 | 43 |

| 导线截面 $mm^2$ | 导线明敷设 | | | | 塑料绝缘导线多根同穿在一根管内时允许负荷电流（A） | | | | | | | | | | | |
|---|---|---|---|---|---|---|---|---|---|---|---|---|---|---|---|---|
| | 25℃ | | 30℃ | | 25℃ | | | | | | 30℃ | | | | | |
| | 橡皮 | 塑料 | 橡皮 | 塑料 | 穿金属管 | | | 穿塑料管 | | | 穿金属管 | | | 穿塑料管 | | |
| | | | | | 2 根 | 3 根 | 4 根 | 2 根 | 3 根 | 4 根 | 2 根 | 3 根 | 4 根 | 2 根 | 3 根 | 4 根 |
| 2 | 27 | 25 | 25 | 23 | 20 | 18 | 15 | 18 | 16 | 14 | 19 | 17 | 14 | 17 | 15 | 13 |
| 4 | 35 | 32 | 33 | 30 | 27 | 24 | 22 | 24 | 22 | 19 | 25 | 22 | 21 | 22 | 21 | 18 |
| 6 | 45 | 42 | 42 | 39 | 35 | 32 | 28 | 31 | 27 | 25 | 33 | 30 | 26 | 29 | 25 | 23 |
| 10 | 65 | 59 | 61 | 55 | 49 | 44 | 38 | 42 | 38 | 33 | 46 | 41 | 36 | 39 | 36 | 31 |
| 16 | 85 | 80 | 79 | 75 | 63 | 56 | 50 | 35 | 49 | 44 | 59 | 52 | 47 | 51 | 46 | 41 |

（3）电压损失选择导线截面

线路始端电压和末端电压的代数差称为线路的电压损失。其电压偏移应小于±2.5%，照明线路的情况复杂，有单相、三相，有一个或多个集中负荷，有感性、阻性及感性阻性兼而有之的负载。在研究电压损失时我们假定有下列两种情况：设每相电流压为基准，作为一相的电压相量图，如图 2-63($a$)，其中：每相电流为 $I$(A)，线路等效电阻为 $R(\Omega)$，电抗为 $X(\Omega)$。图 2-63($b$)所示，线路始端和末端相电压为 $V_1$、$V_2$，负荷功率因数为 $\cos\theta$，在感性负荷电流 $I_2$ 作用下，末端电压 $V_2$ 有角度 $\theta_2$，负荷电流 $I_2$ 产生的有效电压与电流同相，而产生的电感电压降超前于电流 90°，由于这些结果是有电压以后发生的，所以将 $I_L$ 平移到 $a$ 点，得 $ab$ 线段，连 $oc$ 为首端电压 $V_1$。

$$V' = I_2R + I_2X = I_2(R+X)$$

$$V = V_1 - V_2 = ae = ac$$

$$V = V_1 - V_2 = oc - oa = ae = af + fd$$

在△$afb$ 中 $\cos\theta_2 = \dfrac{af}{ab} = \dfrac{af}{I_2R}$　$af = I_2R\cos\theta_2$

在△$bcg$ 中 $\sin\theta_2 = \dfrac{bg}{I_2X}$　$bg = I_2X\sin\theta_2$

因为 $bg = fd$，所以 $fd = I_2X\sin\theta_2$

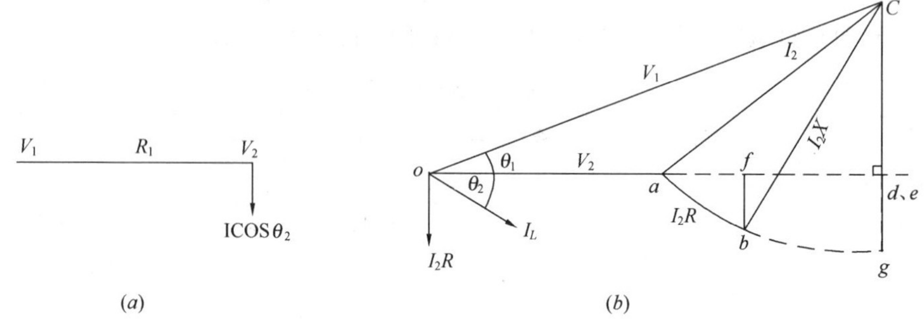


图 2-63　仅在线路末端接有负荷的三相电路的电压损失

($a$)单线图；($b$)电压相量图

$$V' = I_2X\sin\theta_2 + I_2R\cos\theta_2$$

又因为 $R = LR_0$，$X = LX_0$

$$V' = \frac{PL(R_0\cos\theta_2 + X_0\sin\theta_2)}{V_e}$$

$$\Delta V = V'/V_e^2 \times 100\% = \frac{PL(R_0\cos\theta_2 + X_0\sin\theta_2)}{V_e^2} \times 100\%$$

$$V\% = \frac{100PL(R_0\cos\theta_2 + X_0\sin\theta_2)}{V_e^2}$$

若不计线路的电抗损失，且 $\cos\theta_2 = 1$

$$V\% = 100LPR_0/V_e^2$$

令电导率为 $\gamma$　　$R_0 = \dfrac{R}{A} = \dfrac{1}{A\gamma}$

$$V\% = \frac{100LP}{A\gamma V_e^2}$$

令 $\dfrac{100}{\gamma V_e^2} = \dfrac{1}{C}$，所以

$$\Delta V\% = \frac{PL}{CA} \tag{2-9}$$

式中　$P$——功率（kW）；

$L$——线路长度（m）；

$A$——导线截面（mm）$^2$；

$C$——计算系数。

在单相220V线路中$C$值为：铝线7.45，铜线12.1

在三相380V线路中$C$值为：铝线44.5，铜线72

导线最佳截面：
$$S_{min}=PL/C\Delta V\%\qquad(2\text{-}10)$$

工程上规定电压损失$\Delta V\leqslant\pm2.5\%$，或$\Delta V\%\leqslant\pm2.5$

线路各段接有负荷的树干式线路，如图2-64所示。

$\Delta V\%=\Delta V_1\%+\Delta V_2\%+\Delta V_3\%+\Delta V_4\%$

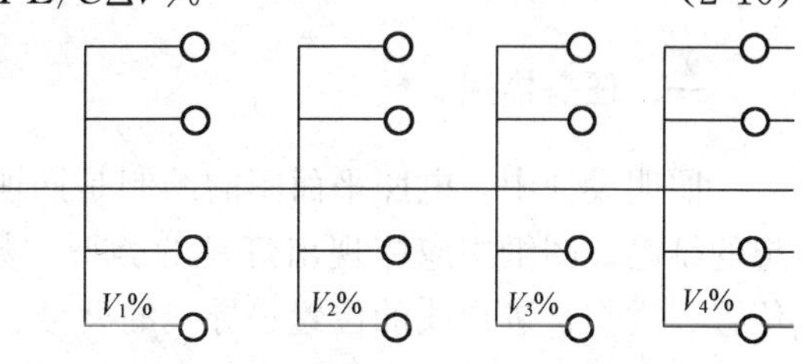

图2-64　线路各段接有负荷的树干式线路

线路各段接有负荷时，由电路始端至末端的电压损失$\Delta V\%$等于各段线路电压损失之和，即：

$$V\%=\Delta V_1\%+\Delta V_2\%+\Delta V_3\%+\cdots\cdots\Delta V_n\%=\sum_{1}^{n}V_i\%$$

各段电路电压损失可按上述电流负荷的公式计算或查表得出，但在计算后查表时应注意下面两个问题：第一、经$L_2$段的电流为$I_{2+}\ I_3+\cdots\cdots I_n$；电流$I_2$、$I_3\cdots\cdots I_n$有各自对应的负荷功率因数$\cos\theta_2$，在查表（或计算时）应先分别计算（或查出）$I_2$、$I_3\cdots\cdots I_n$各自在$L_2$段产生的电压损失，他们的代数和才是$L_2$段的电压损失$\Delta V_2\%$。当整条线路截面相同，且$\cos\theta_2$均为1时，线路始端至末端的电压损失为：

$$V\%=\frac{PL}{CA}=\frac{P_1L_1+P_2L_2+\cdots\cdots P_nL_n}{CA}\qquad(2\text{-}11)$$

电路由电源、负载、控制和保护设备、导线组成。照明电器装置的安装，主要包括照明线路的安装和照明灯具的安装。随着科学技术水平的不断发展，人们生活水平的不断提高，对电器装置的安装要求也不断升级。所以，照明线路的安装应具有模块化，实用性，灵活性，扩充性，必要性。做到：安全，可靠，美观，经济，简便。安装时要严格遵守操作规程，文明安装，保护环境。在设计安装时要做到：操作简单，维修方便，符合质量要求，遵守操作规程，保证人身安全。

**练习题**

1. 什么是需要系数？
2. 支线、干线、进户线的需要系数各是多少？
3. 规程规定，如何限定单相支线电流值、限定灯及灯头数或插座的数量？
4. 简述导线的选择方法。
5. 画出两种光源电流矢量图。
6. 照明设备的选择包括那些内容？
7. 照明电路如何组成？
8. 硬质塑料管管路水平敷设时，拉线点之间距离有哪些要求？
9. 简述钢管敷设的有关要求。

# 任务四 电照平面图的绘制

## 一、任务描述

照明设计中，电照平面图的绘制是照明设计的最后一个环节，是整个设计思想的结晶。图纸中应体现出灯具的类型、数量、安装功率、位置；开关、插座的位置、类型；进户线的位置；导线的型号、根数及走向等。

## 二、任务分析

绘制电照平面图主要是帮助施工人员掌握室内电器设备的基本情况，确定电路的走向，并依据照明理论，修正室内设计中的缺憾，使照度达到规程规定的标准，做到科学的控制灯光，为人们提供良好的视觉环境，满足人们对不同意境的追求。

## 三、技能训练目标

电照平面图是在建筑平面图的基础上绘制，根据建筑结构的特点，确定灯具位置、型号、安装方式；开关、插座的位置；进户线的位置及导线的及走向。

## 四、方法与步骤

（一）电照平面图绘制的基本要求

（1）由于电照平面图主要强调的是导线的走向及灯光的配置，所以在绘制电照平面图时导线应用粗线画，而墙体用细线画。

（2）由于导线在墙体内敷设，绘制电照平面图时容易和轴线重合，所以电照平面图墙体的轴线不画。

（3）灯具应按照明规程规定的文字符号标注，参见表 2-13。

（4）根据室内电器设备的情况，确定电路的走向。

（5）电照平面图应按图例符号绘制，参见表 2-14。

文字符号

$$a-b\frac{c\times d}{e}f$$

式中 $a$——图纸中同一种灯具数；

$b$——灯具的型号；

$c$——每盏灯的灯头数；

$d$——灯具容量；

$e$——安装高度；

$f$——安装方式。

**灯具安装方式标注的文字符号**　　　　**表 2-13**

| 序号 | 名　称 | 代　号 | 序号 | 名　称 | 代　号 |
| --- | --- | --- | --- | --- | --- |
| 1 | 线吊式 | CP | 9 | 吸顶式或直敷式 | S |
| 2 | 自在器线吊式 | CP | 10 | 嵌入式（不可进入顶棚） | R |
| 3 | 固定线吊式 | CP1 | 11 | 顶棚内安装（可进入顶棚） | CR |
| 4 | 防水线吊式 | CP2 | 12 | 墙壁内安装 | WR |
| 5 | 吊线器式 | CP3 | 13 | 台上安装 | R |
| 6 | 链吊式 | CH | 14 | 支架上安装 | SP |
| 7 | 管吊式 | P | 15 | 柱上安装 | CL |
| 8 | 壁装式 | W | 16 | 座装 | HM |

**灯具及电器设备的图例符号**　　　　**表 2-14**

| 图例符号 | 说　明 | 图例符号 | 说　明 |
| --- | --- | --- | --- |
|  | 单相接地插座 |  | 天棚灯 |
|  | 单相接地插座　暗装 |  | 花灯 |
|  | 单相接地插座　密闭（防水） |  | 防水防尘灯 |
|  | 单相接地插座　防爆 |  | 单管荧光灯 |
|  | 投光灯 |  | 双管荧光灯 |
|  | 聚光灯 |  | 三管荧光灯 |
|  | 泛光灯 |  | 壁灯 |
|  | 局部照明灯 |  | 弯灯 |
|  | 斜照型灯 |  | 带磨砂玻璃罩的万能灯 |
|  | 球型灯 |  | 安全灯 |
|  | 单联暗装开关 |  | 由荧光灯组成的花灯 |
|  | 双联暗装开关 |  | 导线 |
|  | 三联暗装开关 |  | 电铃 |

（二）电照平面图的画法

以【任务一】室内电气设备安装的实例为例

（1）阅读建筑平面图，查找引线入口，将支线的单相电源引入室内的空气自动开关中，室内的所有线路均有此引出。引线入口设置在图 2-65 中①。

(2) 将线路②设定为通过（1、2、3、4）室的主线，四个房间按装四组开关，所以线路②要引出四根火线，一根开关线，共五根线。需要指出的是，2 室用两联开关控制两盏灯，故在两联开关中引出两根火线，一根开关线，共三根线。

(3) 走廊的四支荧光灯用单联开关由线路③控制。由于（5、6、7、8、9）室的线路若由室内的空气自动开关中引出，会造成材料的浪费，而且图纸也显得很乱。所以在走廊垂度为 0.3m 处做一接线盒，定为线路④。即从线路③引出两根火线，一根开关线，共三根线。

(4) 接线盒的一根火线是和线路③共走一根管，所以在第三个荧光灯以前管中有一根灯的火线，一根接线盒的火线，一根开关线（灯和接线盒可共用），共三根线。

(5)（5、6、7）室和阳台共按装四组开关，所以线路⑤要从接线盒引出四根火线，一根开关线，共五根线。5 室用两联开关控制两盏灯，故在两联开关中引出两根火线，一根开关线，共三根线。

(6)（8、9）室和阳台共按装三组开关，所以线路⑥要从接线盒引出三根火线，一根开关线，共四根线。8 室用两联开关控制两盏灯，故在两联开关中引出

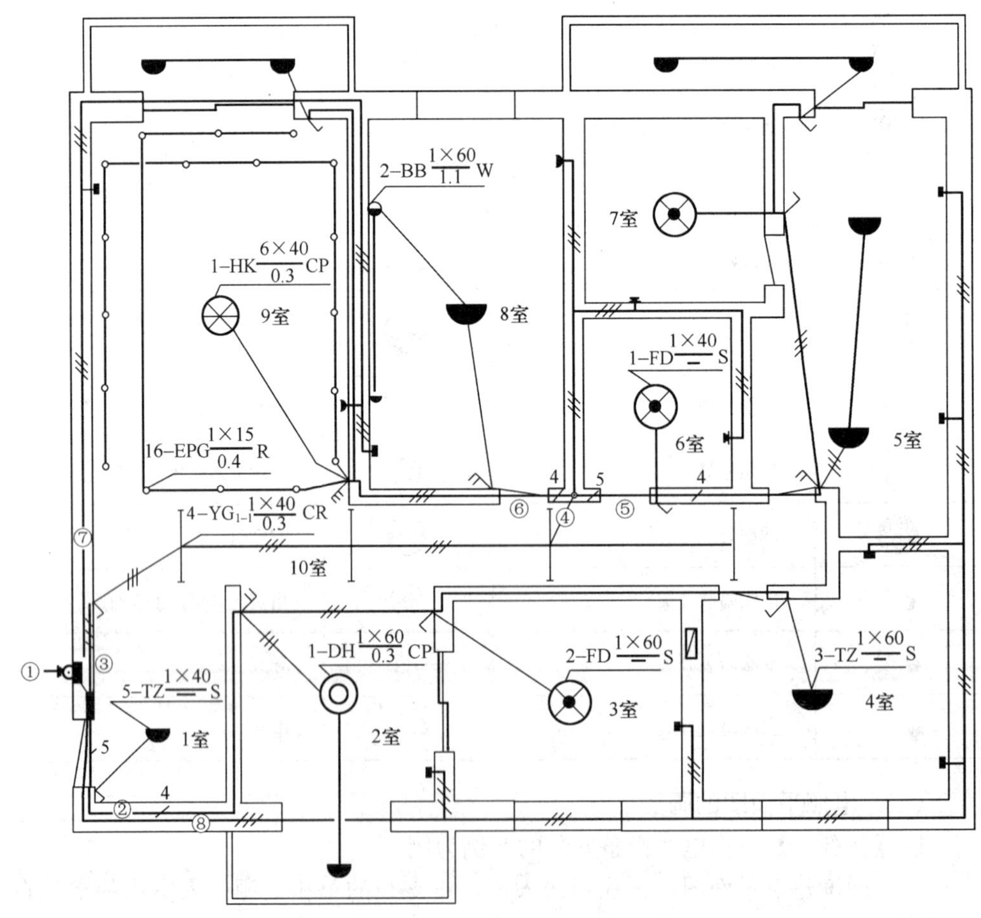


图 2-65 某住宅电照平面图

两根火线，一根开关线，共三根线。9室用三联开关控制两种灯，故在三联开关中引出三根火线，一根开关线，共四根线。但三种灯的导线不在一根管中，所以不须标注。

（7）根据规程规定的电器图例及文字符号对电照平面图进行标注。

（8）完成电照平面图，如图2-65所示。

# 附　　表

**配　照　灯**　　**附表 1**

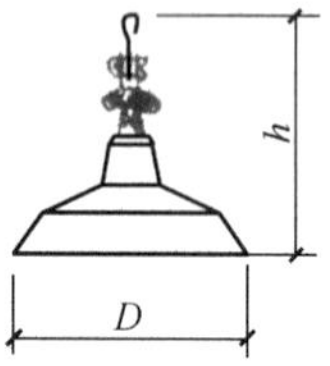

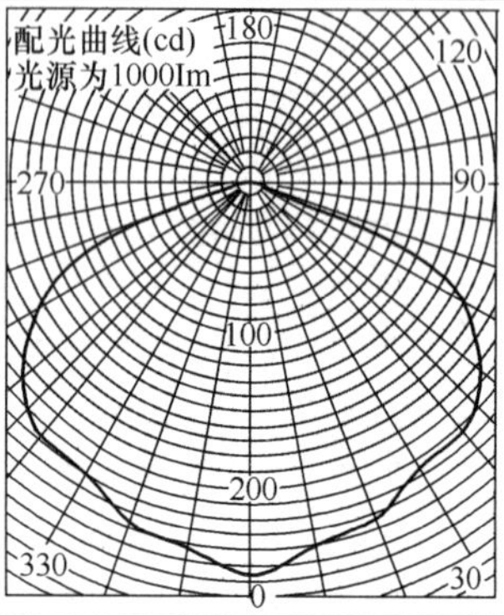

| 型　号 | | — |
|---|---|---|
| 规格（mm） | $D$ | 360 |
| | $h$ | 290 |
| 光源 | | 白炽灯 100W |
| 保护角 | | 21.1 |
| 灯具效率 | | 77.3% |
| 上射光通比 | | 0 |
| 下射光通比 | | 77.3% |
| 最大允许 $L/h$ | | 1.4 |
| 灯头型式 | | E27 |

配光曲线(cd)
光源为1000lm

发光强度值（$cd$）

| $\theta°$ | $I_\theta$ | $\theta°$ | $I_\theta$ |
|---|---|---|---|
| 0 | 253 | 50 | 197 |
| 5 | 249 | 55 | 174 |
| 10 | 241 | 60 | 161 |
| 15 | 235 | 65 | 141 |
| 20 | 235 | 70 | 30 |
| 25 | 223 | 75 | 0 |
| 30 | 216 | 80 | |
| 35 | 215 | 85 | |
| 40 | 215 | 90 | |
| 45 | 210 | | |

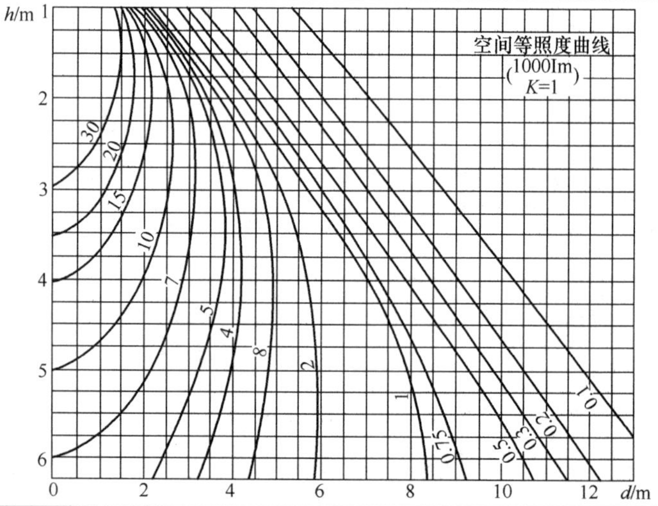

空间等照度曲线（1000lm，$K=1$）

利用系数表　　$L/h=0.7$

| 有效顶棚反射率% | 70 | | | | 50 | | | | 30 | | | | 10 | | | | 0 |
|---|---|---|---|---|---|---|---|---|---|---|---|---|---|---|---|---|---|
| 墙反射率（%） | 70 | 50 | 30 | 10 | 70 | 50 | 30 | 10 | 70 | 50 | 30 | 10 | 70 | 50 | 30 | 10 | 0 |
| 室空间比 | | | | | | | | | | | | | | | | | |
| 1 | 0.81 | 0.78 | 0.75 | 0.72 | 0.77 | 0.74 | 0.72 | 0.69 | .74 | 0.71 | 0.69 | 0.67 | 0.70 | 0.69 | 0.67 | 0.65 | 0.64 |
| 2 | 0.75 | 0.70 | 0.65 | 0.61 | 0.72 | 0.67 | 0.63 | 0.60 | 0.68 | 0.65 | 0.61 | 0.59 | 0.65 | 0.62 | 0.60 | 0.57 | 0.56 |
| 3 | 0.69 | 0.62 | 0.57 | 0.52 | 0.66 | 0.60 | 0.55 | 0.52 | 0.63 | 0.58 | 0.54 | 0.51 | 0.60 | 0.56 | 0.53 | 0.50 | 0.48 |
| 4 | 0.64 | 0.56 | 0.50 | 0.45 | 0.61 | 0.54 | 0.49 | 0.45 | 0.58 | 0.52 | 0.48 | 0.44 | 0.55 | 0.50 | 0.47 | 0.43 | 0.42 |
| 5 | 0.59 | 0.50 | 0.43 | 0.39 | 0.56 | 0.48 | 0.43 | 0.38 | 0.53 | 0.47 | 0.42 | 0.38 | 0.51 | 0.45 | 0.41 | 0.37 | 0.36 |
| 6 | 0.54 | 0.44 | 0.38 | 0.33 | 0.51 | 0.43 | 0.37 | 0.33 | 0.48 | 0.42 | 0.36 | 0.33 | 0.46 | 0.40 | 0.36 | 0.32 | 0.31 |
| 7 | 0.49 | 0.39 | 0.33 | 0.28 | 0.46 | 0.38 | 0.32 | 0.28 | 0.44 | 0.37 | 0.32 | 0.28 | 0.42 | 0.36 | 0.31 | 0.28 | 0.26 |
| 8 | 0.45 | 0.35 | 0.29 | 0.25 | 0.43 | 0.34 | 0.29 | 0.24 | 0.41 | 0.33 | 0.28 | 0.24 | 0.39 | 0.32 | 0.28 | 0.24 | 0.23 |
| 9 | 0.42 | 0.32 | 0.26 | 0.21 | 0.40 | 0.31 | 0.25 | 0.21 | 0.38 | 0.30 | 0.25 | 0.21 | 0.36 | 0.29 | 0.25 | 0.21 | 0.20 |
| 10 | 0.39 | 0.29 | 0.23 | 0.18 | 0.37 | 0.28 | 0.22 | 0.19 | 0.35 | 0.27 | 0.22 | 0.19 | 0.34 | 0.27 | 0.22 | 0.18 | 0.17 |

## 广 照 灯　　附表 2

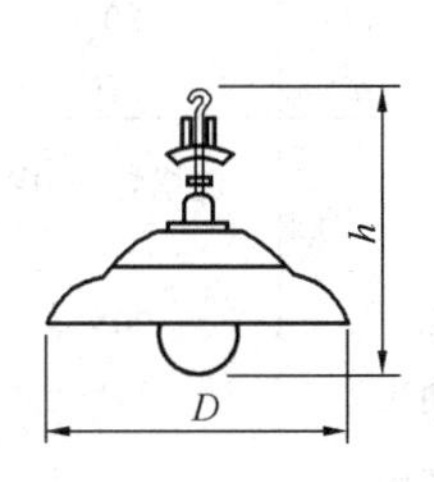


配光曲线(cd)
光源为1000lm

| 型 号 | | — |
|---|---|---|
| 规格 (mm) | $D$ | 305 |
| | $h$ | 275 |
| 光源 | | 白炽灯 100W |
| 保护角 | | — |
| 灯具效率 | | 83% |
| 上射光通比 | | 3% |
| 下射光通比 | | 80% |
| 最大允许 $L/h$ | | 1.0 |
| 灯头型式 | | E27 |

发光强度值（$cd$）

| $\theta°$ | $I_\theta$ | $\theta°$ | $I_\theta$ |
|---|---|---|---|
| 0 | 259 | 70 | 106 |
| 5 | 248 | 75 | 99 |
| 10 | 235 | 80 | 92 |
| 15 | 207 | 85 | 85 |
| 20 | 189 | 90 | 52 |
| 25 | 177 | 95 | 37 |
| 30 | 175 | 100 | 0 |
| 35 | 161 | 105 | |
| 40 | 157 | 110 | |
| 45 | 146 | 115 | |
| 50 | 136 | 120 | |
| 55 | 127 | 125 | |
| 60 | 118 | 130 | |
| 65 | 114 | 135 | |

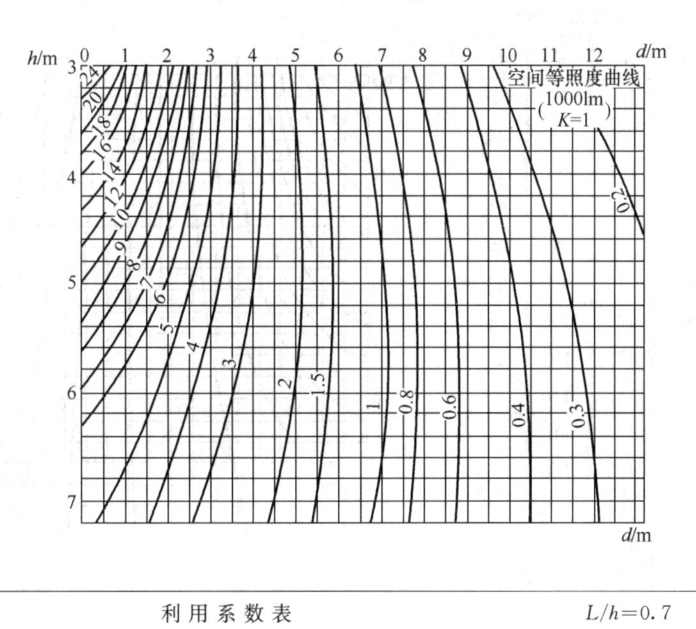


利用系数表　　$L/h=0.7$

| 有效顶棚反射率% | 70 | | | | 50 | | | | 30 | | | | 10 | | | | 0 |
|---|---|---|---|---|---|---|---|---|---|---|---|---|---|---|---|---|---|
| 墙反射率(%) | 70 | 50 | 30 | 10 | 70 | 50 | 30 | 10 | 70 | 50 | 30 | 10 | 70 | 50 | 30 | 10 | 0 |
| 室空间比 | | | | | | | | | | | | | | | | | |
| 1 | 0.83 | 0.78 | 0.73 | 0.69 | 0.77 | 0.73 | 0.69 | 0.66 | 0.73 | 0.69 | 0.66 | 0.63 | 0.68 | 0.66 | 0.63 | 0.61 | 0.58 |
| 2 | 0.74 | 0.66 | 0.60 | 0.54 | 0.69 | 0.63 | 0.57 | 0.53 | 0.65 | 0.59 | 0.55 | 0.51 | 0.61 | 0.56 | 0.53 | 0.49 | 0.47 |
| 3 | 0.67 | 0.58 | 0.50 | 0.44 | 0.62 | 0.55 | 0.48 | 0.43 | 0.58 | 0.52 | 0.46 | 0.42 | 0.54 | 0.49 | 0.45 | 0.41 | 0.39 |
| 4 | 0.62 | 0.51 | 0.44 | 0.38 | 0.57 | 0.49 | 0.42 | 0.37 | 0.53 | 0.46 | 0.41 | 0.36 | 0.50 | 0.44 | 0.39 | 0.35 | 0.33 |
| 5 | 0.56 | 0.46 | 0.38 | 0.32 | 0.53 | 0.43 | 0.37 | 0.31 | 0.49 | 0.41 | 0.35 | 0.31 | 0.46 | 0.39 | 0.34 | 0.30 | 0.28 |
| 6 | 0.52 | 0.41 | 0.33 | 0.28 | 0.48 | 0.39 | 0.32 | 0.27 | 0.45 | 0.37 | 0.31 | 0.27 | 0.42 | 0.35 | 0.30 | 0.26 | 0.24 |
| 7 | 0.48 | 0.36 | 0.29 | 0.24 | 0.45 | 0.35 | 0.28 | 0.23 | 0.42 | 0.33 | 0.27 | 0.23 | 0.39 | 0.32 | 0.27 | 0.22 | 0.21 |
| 8 | 0.44 | 0.33 | 0.26 | 0.21 | 0.42 | 0.32 | 0.25 | 0.21 | 0.39 | 0.30 | 0.25 | 0.20 | 0.37 | 0.29 | 0.24 | 0.20 | 0.18 |
| 9 | 0.41 | 0.30 | 0.23 | 0.18 | 0.39 | 0.29 | 0.23 | 0.18 | 0.36 | 0.28 | 0.22 | 0.18 | 0.34 | 0.27 | 0.21 | 0.18 | 0.16 |
| 10 | 0.39 | 0.28 | 0.21 | 0.16 | 0.36 | 0.26 | 0.20 | 0.16 | 0.34 | 0.25 | 0.20 | 0.16 | 0.32 | 0.24 | 0.19 | 0.16 | 0.14 |

## 广　照　灯　　　附表3

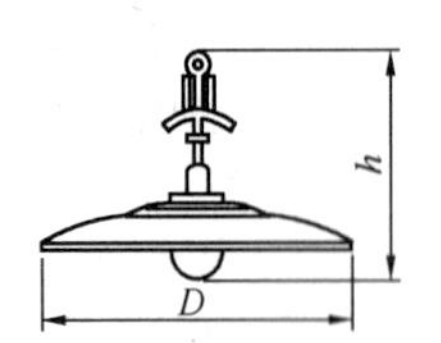


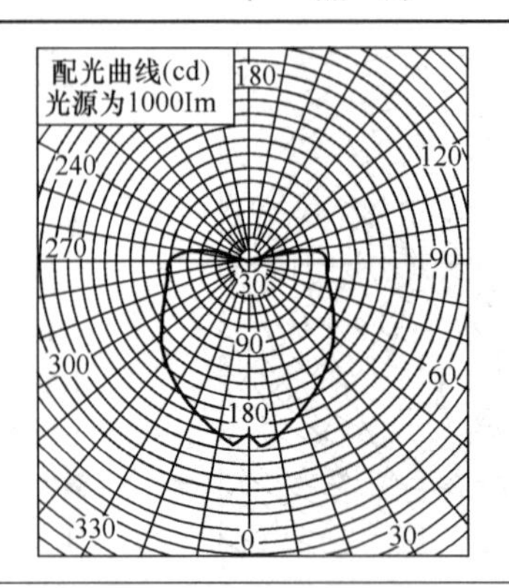


| 型　号 | | — |
|---|---|---|
| 规格 (mm) | $D$ | 305 |
| | $h$ | 270 |
| 光源 | | 白炽灯 100W |
| 保护角 | | — |
| 灯具效率 | | 90% |
| 上射光通比 | | 13% |
| 下射光通比 | | 77% |
| 最大允许 $L/h$ | | 1.26 |
| 灯头型式 | | E27 |

发光强度值（$cd$）

| $\theta°$ | $I_\theta$ | $\theta°$ | $I_\theta$ |
|---|---|---|---|
| 0 | 194 | 70 | 102 |
| 5 | 201 | 75 | 94 |
| 10 | 195 | 80 | 88 |
| 15 | 191 | 85 | 84 |
| 20 | 182 | 90 | 89 |
| 25 | 176 | 95 | 94 |
| 30 | 166 | 100 | 78 |
| 35 | 158 | 105 | 16 |
| 40 | 147 | 110 | 0 |
| 45 | 136 | 115 | |
| 50 | 128 | 120 | |
| 55 | 121 | 125 | |
| 60 | 116 | 130 | |
| 65 | 110 | 135 | |

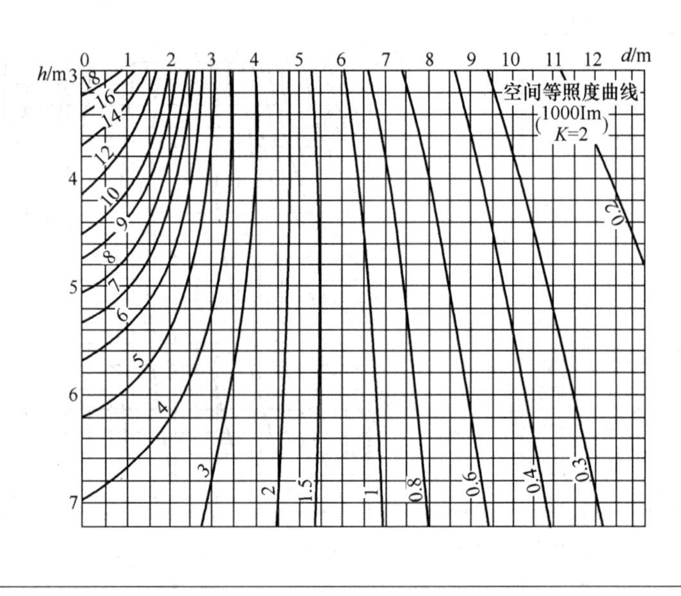


利用系数表　　　$L/h$=0.7

| 有效顶棚反射率% | 70 | | | | 50 | | | | 30 | | | | 10 | | | | 0 |
|---|---|---|---|---|---|---|---|---|---|---|---|---|---|---|---|---|---|
| 墙反射率(%) | 70 | 50 | 30 | 10 | 70 | 50 | 30 | 10 | 70 | 50 | 30 | 10 | 70 | 50 | 30 | 10 | 0 |
| 室空间比 | | | | | | | | | | | | | | | | | |
| 1 | 0.86 | 0.81 | 0.76 | 0.72 | 0.79 | 0.75 | 0.71 | 0.67 | 0.72 | 0.69 | 0.66 | 0.63 | 0.66 | 0.64 | 0.61 | 0.59 | 0.56 |
| 2 | 0.77 | 0.69 | 0.63 | 0.57 | 0.71 | 0.64 | 0.58 | 0.54 | 0.64 | 0.59 | 0.54 | 0.50 | 0.59 | 0.55 | 0.51 | 0.47 | 0.45 |
| 3 | 0.70 | 0.60 | 0.53 | 0.46 | 0.64 | 0.56 | 0.49 | 0.44 | 0.58 | 0.51 | 0.46 | 0.42 | 0.53 | 0.48 | 0.43 | 0.39 | 0.37 |
| 4 | 0.64 | 0.54 | 0.46 | 0.39 | 0.58 | 0.50 | 0.43 | 0.37 | 0.53 | 0.46 | 0.40 | 0.36 | 0.48 | 0.43 | 0.38 | 0.34 | 0.31 |
| 5 | 0.59 | 0.47 | 0.39 | 0.33 | 0.54 | 0.44 | 0.37 | 0.32 | 0.49 | 0.41 | 0.35 | 0.30 | 0.44 | 0.38 | 0.33 | 0.29 | 0.26 |
| 6 | 0.54 | 0.42 | 0.34 | 0.29 | 0.49 | 0.39 | 0.33 | 0.27 | 0.45 | 0.37 | 0.31 | 0.26 | 0.41 | 0.34 | 0.29 | 0.25 | 0.23 |
| 7 | 0.50 | 0.38 | 0.30 | 0.25 | 0.45 | 0.35 | 0.29 | 0.24 | 0.41 | 0.33 | 0.27 | 0.23 | 0.38 | 0.31 | 0.26 | 0.22 | 0.19 |
| 8 | 0.46 | 0.34 | 0.27 | 0.22 | 0.42 | 0.32 | 0.26 | 0.21 | 0.39 | 0.30 | 0.24 | 0.20 | 0.35 | 0.28 | 0.23 | 0.19 | 0.17 |
| 9 | 0.43 | 0.31 | 0.24 | 0.19 | 0.39 | 0.29 | 0.23 | 0.18 | 0.36 | 0.27 | 0.22 | 0.18 | 0.33 | 0.26 | 0.21 | 0.17 | 0.15 |
| 10 | 0.40 | 0.29 | 0.22 | 0.17 | 0.37 | 0.27 | 0.21 | 0.16 | 0.34 | 0.25 | 0.20 | 0.16 | 0.31 | 0.24 | 0.19 | 0.15 | 0.13 |

## 搪瓷深照灯　　附表 4

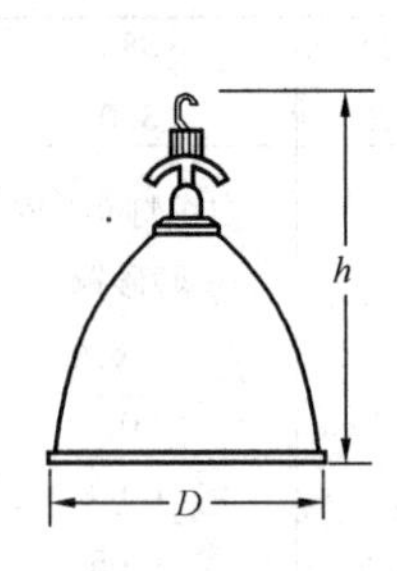


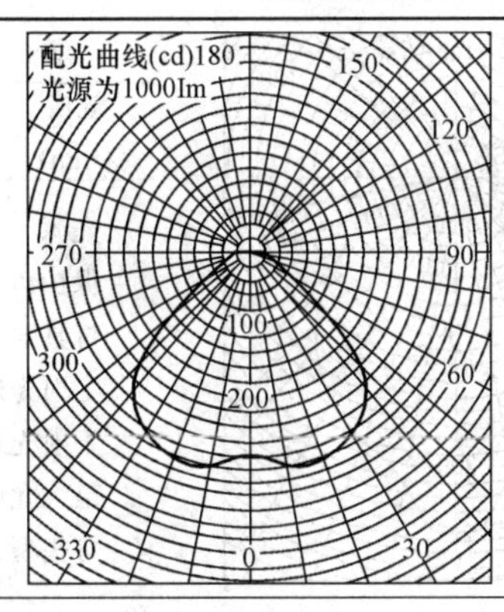


| 型　号 | | — |
|---|---|---|
| 规格 | D | 345 |
| (mm) | h | 400 |
| 光源 | | GGY125 |
| 保护角 | | 30.5° |
| 灯具效率 | | 71% |
| 上射光通比 | | 0 |
| 下射光通比 | | 71% |
| 最大允许 L/h | | 1.5 |
| 灯头型式 | | E27 |

发光强度值（cd）

| θ° | $I_\theta$ | θ° | $I_\theta$ |
|---|---|---|---|
| 0 | 283 | 50 | 110 |
| 5 | 285 | 55 | 80 |
| 10 | 301 | 60 | 60 |
| 15 | 303 | 65 | 47 |
| 20 | 305 | 70 | 33 |
| 25 | 303 | 75 | 0 |
| 30 | 290 | 80 | |
| 35 | 275 | 85 | |
| 40 | 255 | 90 | |
| 45 | 225 | | |

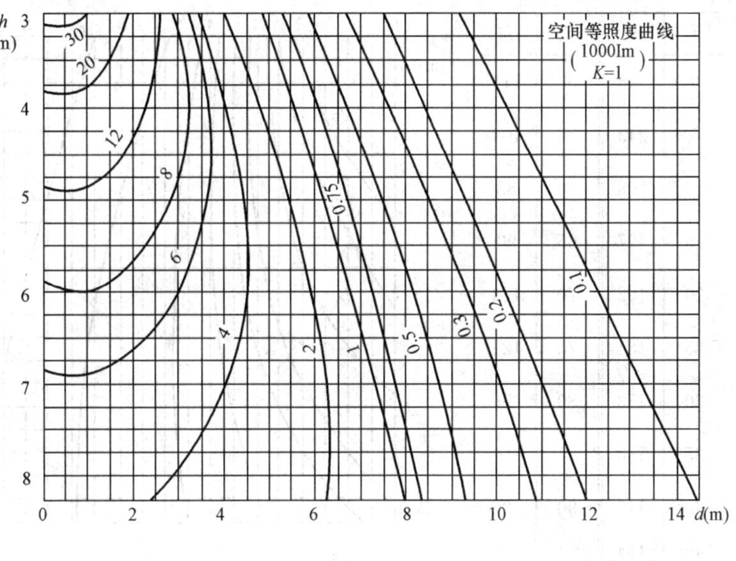


利 用 系 数 表　　L/h=0.7

| 有效顶棚反射率% | 70 | | | | 50 | | | | 30 | | | | 10 | | | | 0 |
|---|---|---|---|---|---|---|---|---|---|---|---|---|---|---|---|---|---|
| 墙反射率(%) | 70 | 50 | 30 | 10 | 70 | 50 | 30 | 10 | 70 | 50 | 30 | 10 | 70 | 50 | 30 | 10 | 0 |
| 室空间比 | | | | | | | | | | | | | | | | | |
| 1 | 0.75 | 0.72 | 0.69 | 0.66 | 0.71 | 0.69 | 0.66 | 0.64 | 0.68 | 0.66 | 0.64 | 0.62 | 0.65 | 0.63 | 0.62 | 0.60 | 0.59 |
| 2 | 0.70 | 0.66 | 0.62 | 0.59 | 0.67 | 0.63 | 0.60 | 0.57 | 0.64 | 0.61 | 0.59 | 0.56 | 0.62 | 0.59 | 0.57 | 0.55 | 0.54 |
| 3 | 0.66 | 0.60 | 0.56 | 0.52 | 0.63 | 0.58 | 0.54 | 0.51 | 0.60 | 0.56 | 0.53 | 0.50 | 0.58 | 0.55 | 0.52 | 0.50 | 0.48 |
| 4 | 0.62 | 0.55 | 0.50 | 0.46 | 0.59 | 0.53 | 0.49 | 0.46 | 0.56 | 0.52 | 0.48 | 0.45 | 0.54 | 0.50 | 0.47 | 0.45 | 0.43 |
| 5 | 0.57 | 0.50 | 0.45 | 0.41 | 0.55 | 0.49 | 0.44 | 0.41 | 0.53 | 0.48 | 0.44 | 0.41 | 0.51 | 0.46 | 0.43 | 0.40 | 0.39 |
| 6 | 0.53 | 0.46 | 0.41 | 0.37 | 0.51 | 0.45 | 0.40 | 0.37 | 0.49 | 0.44 | 0.40 | 0.36 | 0.47 | 0.43 | 0.39 | 0.36 | 0.35 |
| 7 | 0.50 | 0.42 | 0.37 | 0.33 | 0.48 | 0.41 | 0.36 | 0.33 | 0.46 | 0.40 | 0.36 | 0.32 | 0.44 | 0.39 | 0.35 | 0.32 | 0.31 |
| 8 | 0.46 | 0.38 | 0.33 | 0.29 | 0.44 | 0.37 | 0.33 | 0.29 | 0.43 | 0.36 | 0.32 | 0.29 | 0.41 | 0.36 | 0.32 | 0.29 | 0.28 |
| 9 | 0.43 | 0.35 | 0.30 | 0.26 | 0.41 | 0.34 | 0.29 | 0.26 | 0.40 | 0.33 | 0.29 | 0.26 | 0.38 | 0.33 | 0.29 | 0.26 | 0.25 |
| 10 | 0.40 | 0.32 | 0.27 | 0.23 | 0.38 | 0.31 | 0.26 | 0.23 | 0.37 | 0.30 | 0.26 | 0.23 | 0.36 | 0.30 | 0.26 | 0.23 | 0.22 |

## 防水防尘灯　　附表5

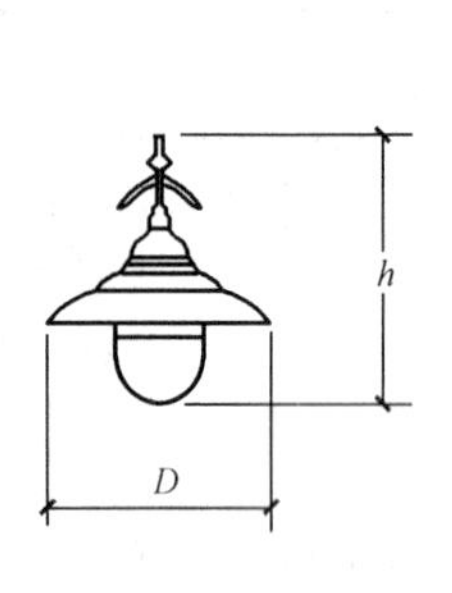


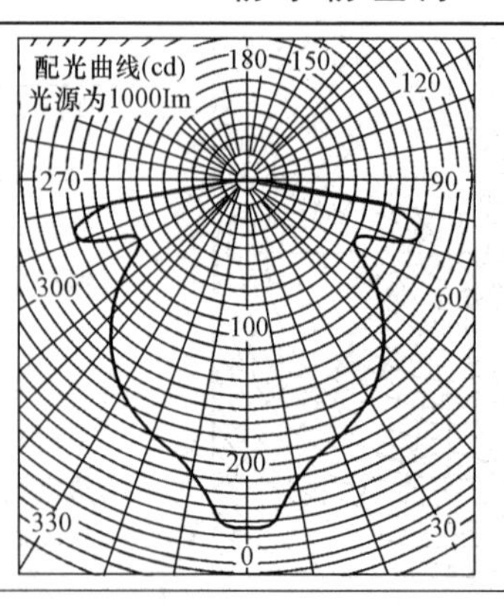


| 型　　号 | | FSC-200-4 |
|---|---|---|
| 规格 | $D$ | 380 |
| (mm) | $h$ | 360 |
| 光源 | | 白炽灯 100W |
| 保护角 | | 磨砂罩 |
| 灯具效率 | | 71.6% |
| 上射光通比 | | 0 |
| 下射光通比 | | 71.6% |
| 最大允许 $L/h$ | | 1.05 |
| 灯头型式 | | E27 |

发光强度值 (*cd*)

| θ° | $I_\theta$ | θ° | $I_\theta$ |
|---|---|---|---|
| 0 | 248 | 50 | 114 |
| 5 | 243 | 55 | 104 |
| 10 | 205 | 60 | 88 |
| 15 | 197 | 65 | 90 |
| 20 | 192 | 70 | 122 |
| 25 | 184 | 75 | 121 |
| 30 | 173 | 80 | 99 |
| 35 | 160 | 85 | 27 |
| 40 | 145 | 90 | 0 |
| 45 | 134 | | |

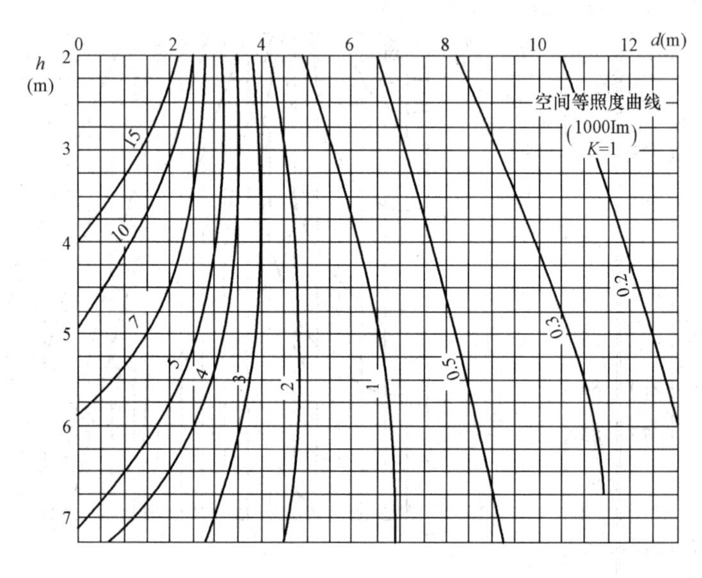


利用系数表　　$L/h=0.9$

| 有效顶棚反射率% | 70 | | | | 50 | | | | 30 | | | | 10 | | | | 0 |
|---|---|---|---|---|---|---|---|---|---|---|---|---|---|---|---|---|---|
| 墙反射率(%) | 70 | 50 | 30 | 10 | 70 | 50 | 30 | 10 | 70 | 50 | 30 | 10 | 70 | 50 | 30 | 10 | 0 |
| 室空间比 | | | | | | | | | | | | | | | | | |
| 1 | 0.73 | 0.69 | 0.65 | 0.61 | 0.69 | 0.66 | 0.62 | 0.59 | 0.65 | 0.63 | 0.60 | 0.58 | 0.62 | 0.60 | 0.58 | 0.56 | 0.54 |
| 2 | 0.66 | 0.59 | 0.54 | 0.49 | 0.62 | 0.56 | 0.52 | 0.48 | 0.58 | 0.54 | 0.50 | 0.47 | 0.55 | 0.52 | 0.48 | 0.46 | 0.44 |
| 3 | 0.59 | 0.51 | 0.45 | 0.40 | 0.56 | 0.49 | 0.44 | 0.39 | 0.53 | 0.47 | 0.43 | 0.39 | 0.50 | 0.45 | 0.41 | 0.38 | 0.36 |
| 4 | 0.54 | 0.46 | 0.39 | 0.34 | 0.51 | 0.44 | 0.38 | 0.33 | 0.48 | 0.42 | 0.37 | 0.33 | 0.46 | 0.40 | 0.36 | 0.32 | 0.31 |
| 5 | 0.50 | 0.41 | 0.34 | 0.29 | 0.47 | 0.39 | 0.33 | 0.29 | 0.44 | 0.38 | 0.33 | 0.29 | 0.42 | 0.36 | 0.32 | 0.28 | 0.27 |
| 6 | 0.46 | 0.37 | 0.30 | 0.26 | 0.44 | 0.36 | 0.30 | 0.25 | 0.41 | 0.34 | 0.29 | 0.25 | 0.39 | 0.33 | 0.29 | 0.25 | 0.23 |
| 7 | 0.43 | 0.34 | 0.27 | 0.23 | 0.41 | 0.32 | 0.27 | 0.23 | 0.39 | 0.31 | 0.26 | 0.22 | 0.37 | 0.30 | 0.26 | 0.22 | 0.21 |
| 8 | 0.40 | 0.30 | 0.24 | 0.20 | 0.38 | 0.29 | 0.24 | 0.20 | 0.36 | 0.28 | 0.23 | 0.20 | 0.34 | 0.28 | 0.23 | 0.20 | 0.18 |
| 9 | 0.37 | 0.28 | 0.22 | 0.18 | 0.35 | 0.27 | 0.22 | 0.18 | 0.34 | 0.26 | 0.21 | 0.18 | 0.32 | 0.25 | 0.21 | 0.18 | 0.16 |
| 10 | 0.35 | 0.25 | 0.20 | 0.16 | 0.33 | 0.25 | 0.19 | 0.16 | 0.31 | 0.24 | 0.19 | 0.16 | 0.30 | 0.23 | 0.19 | 0.16 | 0.14 |

## 半圆天棚灯　　附表 6

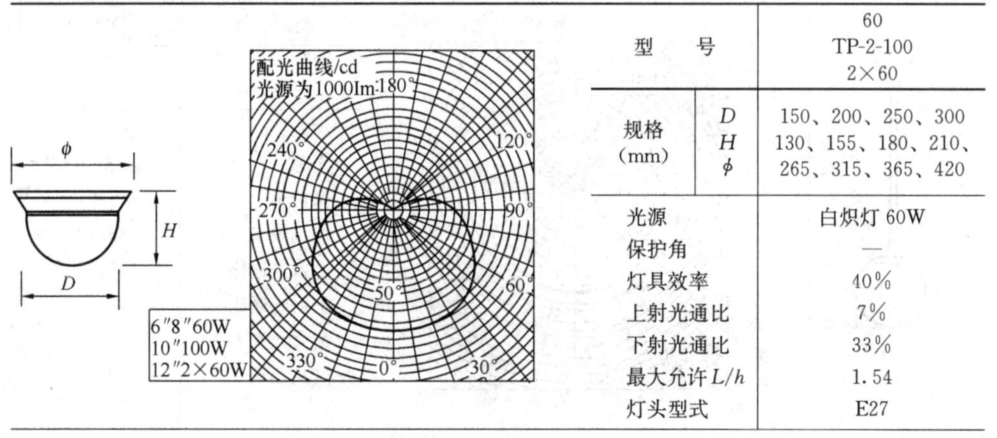


| 型 号 | | 60<br>TP-2-100<br>2×60 |
|---|---|---|
| 规格 (mm) | D<br>H<br>φ | 150、200、250、300<br>130、155、180、210、<br>265、315、365、420 |
| 光源 | | 白炽灯 60W |
| 保护角 | | — |
| 灯具效率 | | 40% |
| 上射光通比 | | 7% |
| 下射光通比 | | 33% |
| 最大允许 $L/h$ | | 1.54 |
| 灯头型式 | | E27 |

发光强度值/$cd$

| $\theta$/(°) | $I_\theta$ | $\theta$/(°) | $I_\theta$ |
|---|---|---|---|
| 0 | 71 | 70 | 47 |
| 5 | 71 | 75 | 43 |
| 10 | 70 | 80 | 41 |
| 15 | 69 | 85 | 37 |
| 20 | 68 | 90 | 33 |
| 25 | 67 | 95 | 28 |
| 30 | 65 | 100 | 26 |
| 35 | 64 | 105 | 22 |
| 40 | 62 | 110 | 18 |
| 45 | 60 | 115 | 14 |
| 50 | 58 | 120 | 9 |
| 55 | 55 | 125 | 2 |
| 60 | 53 | 130 | 0 |
| 65 | 50 | 135 | |

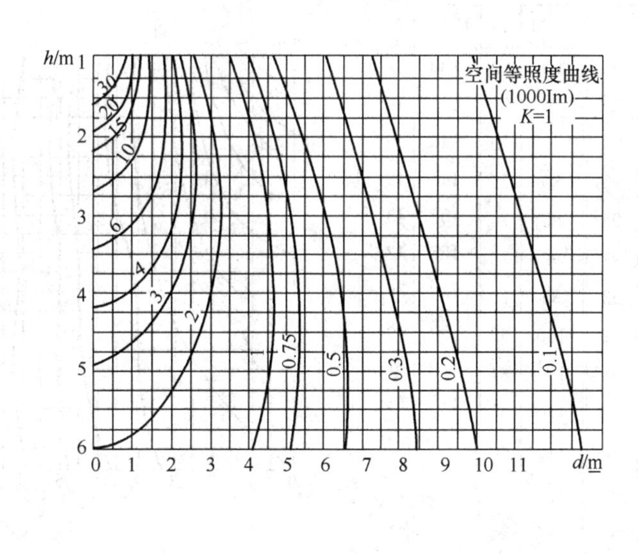


利用系数表　　$L/h=1.0$

| 有效顶棚反射率% | 80 | | | | 70 | | | | 50 | | | | 30 | | | | 0 |
|---|---|---|---|---|---|---|---|---|---|---|---|---|---|---|---|---|---|
| 墙反射率/% | 70 | 50 | 30 | 10 | 70 | 50 | 30 | 10 | 70 | 50 | 30 | 10 | 70 | 50 | 30 | 10 | 0 |
| 室空间比 | | | | | | | | | | | | | | | | | |
| 1 | 0.40 | 0.37 | 0.35 | 0.33 | 0.38 | 0.36 | 0.33 | 0.31 | 0.34 | 0.33 | 0.31 | 0.29 | 0.31 | 0.30 | 0.28 | 0.27 | 0.23 |
| 2 | 0.36 | 0.32 | 0.29 | 0.26 | 0.34 | 0.30 | 0.27 | 0.25 | 0.31 | 0.28 | 0.25 | 0.23 | 0.28 | 0.25 | 0.23 | 0.22 | 0.19 |
| 3 | 0.33 | 0.28 | 0.24 | 0.21 | 0.31 | 0.27 | 0.23 | 0.20 | 0.28 | 0.24 | 0.21 | 0.19 | 0.25 | 0.22 | 0.20 | 0.18 | 0.15 |
| 4 | 0.30 | 0.24 | 0.20 | 0.17 | 0.28 | 0.23 | 0.20 | 0.17 | 0.25 | 0.21 | 0.18 | 0.16 | 0.23 | 0.20 | 0.17 | 0.15 | 0.13 |
| 5 | 0.27 | 0.22 | 0.18 | 0.15 | 0.26 | 0.21 | 0.17 | 0.14 | 0.23 | 0.19 | 0.16 | 0.14 | 0.21 | 0.17 | 0.15 | 0.13 | 0.11 |
| 6 | 0.25 | 0.19 | 0.15 | 0.13 | 0.24 | 0.18 | 0.15 | 0.12 | 0.21 | 0.17 | 0.14 | 0.12 | 0.19 | 0.16 | 0.13 | 0.11 | 0.09 |
| 7 | 0.23 | 0.17 | 0.14 | 0.11 | 0.22 | 0.17 | 0.13 | 0.11 | 0.20 | 0.15 | 0.12 | 0.10 | 0.18 | 0.14 | 0.12 | 0.10 | 0.08 |
| 8 | 0.21 | 0.16 | 0.12 | 0.10 | 0.20 | 0.15 | 0.12 | 0.09 | 0.18 | 0.14 | 0.11 | 0.09 | 0.17 | 0.13 | 0.10 | 0.08 | 0.07 |
| 9 | 0.20 | 0.14 | 0.11 | 0.08 | 0.19 | 0.14 | 0.10 | 0.08 | 0.17 | 0.13 | 0.10 | 0.08 | 0.15 | 0.12 | 0.09 | 0.07 | 0.06 |
| 10 | 0.18 | 0.13 | 0.09 | 0.07 | 0.17 | 0.12 | 0.09 | 0.07 | 0.16 | 0.11 | 0.08 | 0.06 | 0.14 | 0.10 | 0.08 | 0.06 | 0.05 |

## 乳白玻璃吊灯　　附表 7

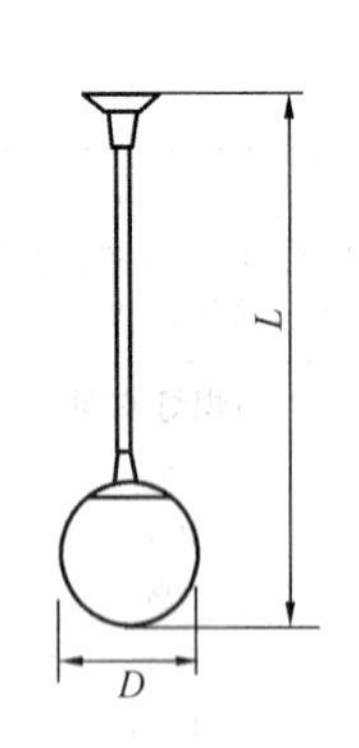


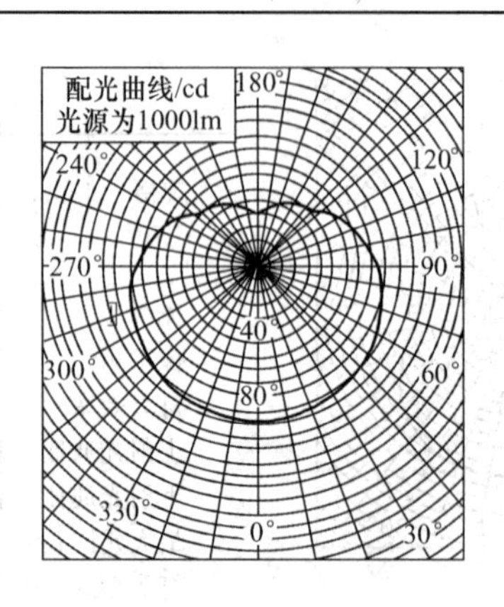


| 型　号 | | DH-30 |
|---|---|---|
| 规格/mm | D | 250 |
| | L | 800 |
| 光源 | | 白炽灯 100W |
| 保护角 | | — |
| 灯具效率 | | 88.1% |
| 上射光通比 | | 35.3% |
| 下射光通比 | | 52.8% |
| 最大允许 $L/h$ | | 1.4 |
| 灯头形式 | | E27 |

发光强度值/cd

| θ/(°) | $I_\theta$ | θ/(°) | $I_\theta$ | θ/(°) | $I_\theta$ |
|---|---|---|---|---|---|
| 0 | 97 | 65 | 82 | 130 | 52 |
| 5 | 97 | 70 | 80 | 135 | 49 |
| 10 | 95 | 75 | 79 | 140 | 46 |
| 15 | 95 | 80 | 76 | 145 | 45 |
| 20 | 95 | 85 | 74 | 150 | 43 |
| 25 | 94 | 90 | 73 | 155 | 42 |
| 30 | 93 | 95 | 70 | 160 | 39 |
| 35 | 92 | 100 | 68 | 165 | 38 |
| 40 | 91 | 105 | 64 | 170 | 37 |
| 45 | 88 | 110 | 63 | 175 | 33 |
| 50 | 88 | 115 | 60 | 180 | 33 |
| 55 | 86 | 120 | 57 | | |
| 60 | 84 | 125 | 54 | | |

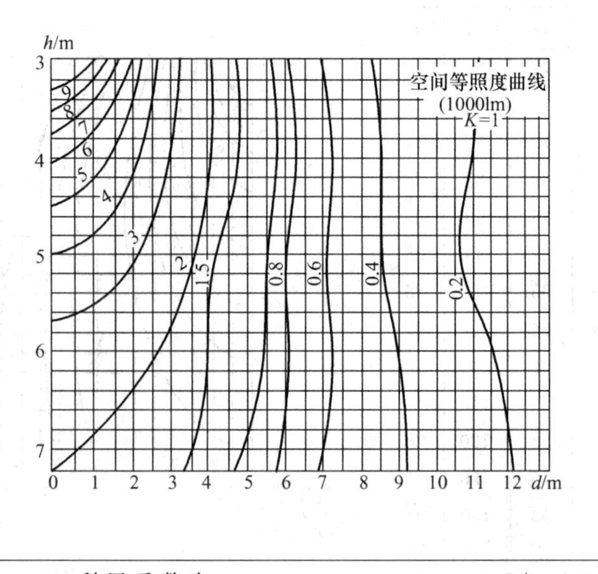


利用系数表　　$L/h=1.0$

| 有效顶棚反射率% | 80 | | | | 70 | | | | 50 | | | | 30 | | | | 0 |
|---|---|---|---|---|---|---|---|---|---|---|---|---|---|---|---|---|---|
| 墙反射率/% | 70 | 50 | 30 | 10 | 70 | 50 | 30 | 10 | 70 | 50 | 30 | 10 | 70 | 50 | 30 | 10 | 0 |
| 室空间比 | | | | | | | | | | | | | | | | | |
| 1 | 0.84 | 0.79 | 0.74 | 0.69 | 0.78 | 0.73 | 0.69 | 0.64 | 0.67 | 0.63 | 0.59 | 0.56 | 0.56 | 0.53 | 0.51 | 0.48 | 0.36 |
| 2 | 0.76 | 0.67 | 0.60 | 0.54 | 0.70 | 0.62 | 0.56 | 0.51 | 0.59 | 0.54 | 0.49 | 0.44 | 0.50 | 0.45 | 0.42 | 0.38 | 0.28 |
| 3 | 0.68 | 0.58 | 0.51 | 0.44 | 0.63 | 0.54 | 0.47 | 0.42 | 0.53 | 0.47 | 0.41 | 0.36 | 0.45 | 0.39 | 0.35 | 0.31 | 0.23 |
| 4 | 0.62 | 0.51 | 0.43 | 0.37 | 0.57 | 0.47 | 0.40 | 0.34 | 0.48 | 0.41 | 0.35 | 0.30 | 0.40 | 0.34 | 0.30 | 0.26 | 0.19 |
| 5 | 0.57 | 0.45 | 0.37 | 0.31 | 0.53 | 0.42 | 0.34 | 0.29 | 0.44 | 0.36 | 0.30 | 0.25 | 0.37 | 0.31 | 0.26 | 0.22 | 0.16 |
| 6 | 0.52 | 0.40 | 0.32 | 0.26 | 0.48 | 0.37 | 0.30 | 0.25 | 0.41 | 0.32 | 0.26 | 0.22 | 0.34 | 0.27 | 0.23 | 0.19 | 0.13 |
| 7 | 0.48 | 0.36 | 0.28 | 0.23 | 0.44 | 0.33 | 0.26 | 0.21 | 0.38 | 0.29 | 0.23 | 0.19 | 0.31 | 0.25 | 0.20 | 0.16 | 0.12 |
| 8 | 0.44 | 0.32 | 0.25 | 0.20 | 0.41 | 0.30 | 0.23 | 0.18 | 0.35 | 0.26 | 0.20 | 0.16 | 0.29 | 0.22 | 0.18 | 0.14 | 0.10 |
| 9 | 0.41 | 0.29 | 0.22 | 0.17 | 0.38 | 0.27 | 0.21 | 0.16 | 0.32 | 0.24 | 0.18 | 0.14 | 0.27 | 0.20 | 0.16 | 0.12 | 0.09 |
| 10 | 0.38 | 0.26 | 0.19 | 0.14 | 0.35 | 0.24 | 0.18 | 0.14 | 0.30 | 0.21 | 0.16 | 0.12 | 0.25 | 0.18 | 0.14 | 0.10 | 0.07 |

## 明　月　罩　灯　　　　附表 8

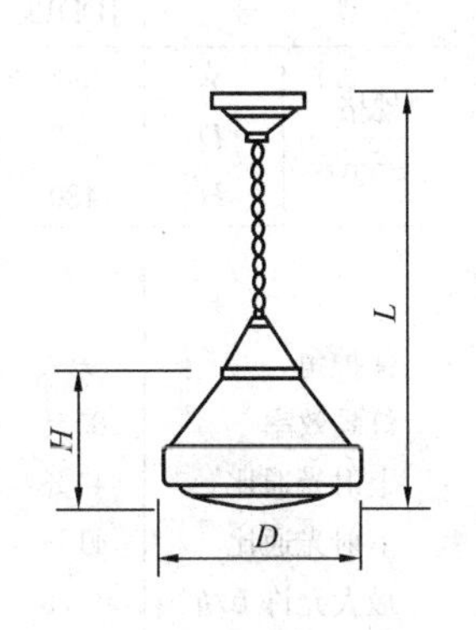


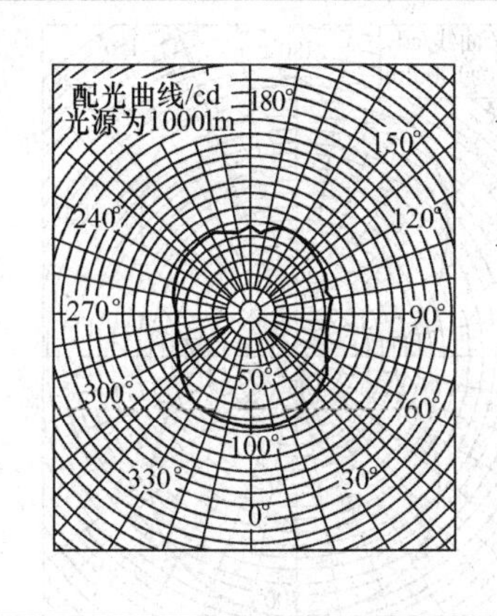


| 型　　号 | | DH-22-1<br>1<br>3 |
|---|---|---|
| 规格 /mm | L H D | 按工程设计<br>255、305、356 |
| 光源 | | 白炽灯 100W |
| 保护角 | | — |
| 灯具效率 | | 86% |
| 上射光通比 | | 41% |
| 下射光通比 | | 45% |
| 最大允许 $L/h$ | | 1.3 |
| 灯头形式 | | E27 |

发光强度值/$cd$

| $\theta$/(°) | $I_\theta$ | $\theta$/(°) | $I_\theta$ | $\theta$/(°) | $I_\theta$ |
|---|---|---|---|---|---|
| 0 | 96 | 65 | 66 | 130 | 68 |
| 5 | 95 | 70 | 64 | 135 | 68 |
| 10 | 94 | 75 | 63 | 140 | 68 |
| 15 | 93 | 80 | 62 | 145 | 68 |
| 20 | 91 | 85 | 62 | 150 | 69 |
| 25 | 89 | 90 | 62 | 155 | 69 |
| 30 | 87 | 95 | 62 | 160 | 68 |
| 35 | 84 | 100 | 63 | 165 | 66 |
| 40 | 80 | 105 | 63 | 170 | 62 |
| 45 | 77 | 110 | 65 | 175 | 61 |
| 50 | 74 | 115 | 66 | 180 | 63 |
| 55 | 72 | 120 | 67 | | |
| 60 | 69 | 125 | 68 | | |

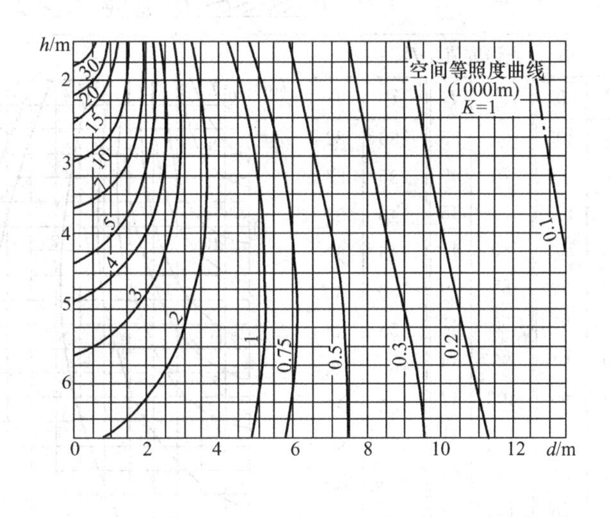


利 用 系 数 表　　　　$L/h$=0.9

| 有效顶棚反射率% | 80 | | | | 70 | | | | 50 | | | | 30 | | | | 0 |
|---|---|---|---|---|---|---|---|---|---|---|---|---|---|---|---|---|---|
| 墙反射率 /% | 70 | 50 | 30 | 10 | 70 | 50 | 30 | 10 | 70 | 50 | 30 | 10 | 70 | 50 | 30 | 10 | 0 |
| 室空间比 | | | | | | | | | | | | | | | | | |
| 1 | 0.82 | 0.77 | 0.72 | 0.68 | 0.75 | 0.71 | 0.67 | 0.63 | 0.63 | 0.60 | 0.56 | 0.54 | 0.52 | 0.49 | 0.47 | 0.45 | 0.32 |
| 2 | 0.74 | 0.66 | 0.59 | 0.54 | 0.68 | 0.61 | 0.55 | 0.50 | 0.56 | 0.51 | 0.47 | 0.43 | 0.46 | 0.42 | 0.39 | 0.36 | 0.25 |
| 3 | 0.67 | 0.57 | 0.50 | 0.44 | 0.61 | 0.53 | 0.46 | 0.41 | 0.51 | 0.44 | 0.39 | 0.35 | 0.41 | 0.37 | 0.33 | 0.29 | 0.20 |
| 4 | 0.61 | 0.50 | 0.43 | 0.37 | 0.56 | 0.46 | 0.40 | 0.34 | 0.46 | 0.39 | 0.34 | 0.29 | 0.38 | 0.32 | 0.28 | 0.25 | 0.17 |
| 5 | 0.56 | 0.45 | 0.37 | 0.31 | 0.51 | 0.41 | 0.34 | 0.29 | 0.42 | 0.35 | 0.29 | 0.25 | 0.34 | 0.29 | 0.24 | 0.21 | 0.14 |
| 6 | 0.51 | 0.40 | 0.32 | 0.27 | 0.47 | 0.37 | 0.30 | 0.25 | 0.39 | 0.31 | 0.26 | 0.21 | 0.32 | 0.26 | 0.21 | 0.18 | 0.12 |
| 7 | 0.47 | 0.37 | 0.28 | 0.23 | 0.43 | 0.33 | 0.26 | 0.22 | 0.36 | 0.28 | 0.23 | 0.19 | 0.29 | 0.23 | 0.20 | 0.16 | 0.11 |
| 8 | 0.44 | 0.32 | 0.25 | 0.20 | 0.40 | 0.30 | 0.23 | 0.19 | 0.33 | 0.25 | 0.20 | 0.16 | 0.27 | 0.21 | 0.17 | 0.14 | 0.09 |
| 9 | 0.40 | 0.29 | 0.22 | 0.17 | 0.37 | 0.27 | 0.21 | 0.16 | 0.31 | 0.23 | 0.18 | 0.14 | 0.25 | 0.19 | 0.15 | 0.12 | 0.08 |
| 10 | 0.38 | 0.26 | 0.20 | 0.15 | 0.34 | 0.24 | 0.18 | 0.14 | 0.29 | 0.21 | 0.16 | 0.12 | 0.24 | 0.17 | 0.13 | 0.11 | 0.07 |

## 棱形罩吊灯　　附表9

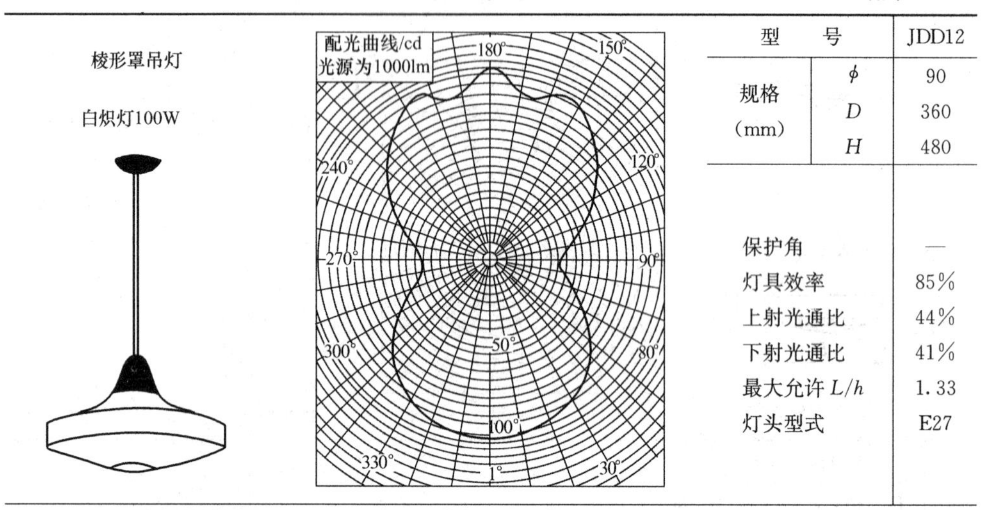


| 型　号 | | JDD12 |
|---|---|---|
| 规格(mm) | $\phi$ | 90 |
| | $D$ | 360 |
| | $H$ | 480 |

| | |
|---|---|
| 保护角 | — |
| 灯具效率 | 85% |
| 上射光通比 | 44% |
| 下射光通比 | 41% |
| 最大允许 $L/h$ | 1.33 |
| 灯头型式 | E27 |

发光强度值(*cd*)

| $\theta°$ | $I_\theta$ | $\theta°$ | $I_\theta$ | $\theta°$ | $I_\theta$ |
|---|---|---|---|---|---|
| 0 | 105 | 65 | 55 | 130 | 82 |
| 5 | 105 | 70 | 49 | 135 | 87 |
| 10 | 102 | 75 | 45 | 140 | 93 |
| 15 | 101 | 80 | 41 | 145 | 97 |
| 20 | 99 | 85 | 40 | 150 | 102 |
| 25 | 97 | 90 | 41 | 155 | 105 |
| 30 | 94 | 95 | 43 | 160 | 102 |
| 35 | 90 | 100 | 47 | 165 | 97 |
| 40 | 86 | 105 | 51 | 170 | 99 |
| 45 | 81 | 110 | 57 | 175 | 107 |
| 50 | 76 | 115 | 63 | 180 | 112 |
| 55 | 69 | 120 | 69 | | |
| 60 | 62 | 125 | 75 | | |

空间等照度曲线(1000lm) $K=1$

利用系数表　　$L/h=1.0$

| 有效顶棚反射率% | 80 | | | | 70 | | | | 50 | | | | 30 | | | | 0 |
|---|---|---|---|---|---|---|---|---|---|---|---|---|---|---|---|---|---|
| 墙反射率/% | 70 | 50 | 30 | 10 | 70 | 50 | 30 | 10 | 70 | 50 | 30 | 10 | 70 | 50 | 30 | 10 | 0 |
| 室空间比 | | | | | | | | | | | | | | | | | |
| 1 | 0.81 | 0.77 | 0.73 | 0.69 | 0.74 | 0.70 | 0.67 | 0.64 | 0.61 | 0.59 | 0.56 | 0.54 | 0.50 | 0.48 | 0.46 | 0.44 | 0.31 |
| 2 | 0.74 | 0.66 | 0.61 | 0.56 | 0.67 | 0.61 | 0.56 | 0.52 | 0.55 | 0.51 | 0.47 | 0.44 | 0.45 | 0.41 | 0.39 | 0.36 | 0.25 |
| 3 | 0.67 | 0.58 | 0.52 | 0.46 | 0.61 | 0.54 | 0.48 | 0.43 | 0.50 | 0.45 | 0.40 | 0.37 | 0.41 | 0.37 | 0.33 | 0.30 | 0.21 |
| 4 | 0.61 | 0.51 | 0.44 | 0.39 | 0.56 | 0.47 | 0.41 | 0.36 | 0.46 | 0.39 | 0.35 | 0.31 | 0.37 | 0.32 | 0.29 | 0.26 | 0.17 |
| 5 | 0.56 | 0.45 | 0.38 | 0.33 | 0.51 | 0.42 | 0.35 | 0.30 | 0.42 | 0.35 | 0.30 | 0.26 | 0.34 | 0.29 | 0.25 | 0.22 | 0.15 |
| 6 | 0.51 | 0.41 | 0.33 | 0.28 | 0.47 | 0.37 | 0.31 | 0.26 | 0.39 | 0.31 | 0.26 | 0.23 | 0.31 | 0.26 | 0.22 | 0.19 | 0.13 |
| 7 | 0.47 | 0.36 | 0.29 | 0.24 | 0.43 | 0.33 | 0.27 | 0.23 | 0.36 | 0.28 | 0.23 | 0.20 | 0.29 | 0.23 | 0.19 | 0.16 | 0.11 |
| 8 | 0.44 | 0.33 | 0.26 | 0.21 | 0.40 | 0.30 | 0.24 | 0.20 | 0.33 | 0.25 | 0.20 | 0.17 | 0.27 | 0.21 | 0.17 | 0.14 | 0.10 |
| 9 | 0.40 | 0.30 | 0.23 | 0.18 | 0.37 | 0.27 | 0.21 | 0.17 | 0.31 | 0.23 | 0.18 | 0.15 | 0.25 | 0.19 | 0.15 | 0.13 | 0.08 |
| 10 | 0.37 | 0.26 | 0.20 | 0.16 | 0.34 | 0.24 | 0.19 | 0.15 | 0.28 | 0.21 | 0.16 | 0.13 | 0.23 | 0.17 | 0.13 | 0.11 | 0.07 |

## 简式荧光灯 附表10

筒式荧光灯
1×40W

配光曲线/cd
光源为1000lm

| 型号 | | YG1-1 |
|---|---|---|
| 规格/mm | L | 1280 |
| | b | 70 |
| | h | 45(未包括灯管) |
| 保护角 | | — |
| 灯具效率 | | 80% |
| 上射光通比 | | 21% |
| 下射光通比 | | 59% |
| 最大允许 $L/h$ | | A—A 1.62 |
| | | B—B 1.22 |
| 灯具质量 | | 2.6kg |

| 发光强度值/cd | | | | | | | | | | | | | | | | | | | |
|---|---|---|---|---|---|---|---|---|---|---|---|---|---|---|---|---|---|---|---|
| A—A | θ/(°) | 0 | 5 | 10 | 15 | 20 | 25 | 30 | 35 | 40 | 45 | 50 | 55 | 60 | 65 | 70 | 75 | |
| | $I_\theta$ | 140 | 140 | 141 | 142 | 142 | 144 | 146 | 149 | 150 | 151 | 152 | 151 | 149 | 145 | 141 | 136 | |
| | θ/(°) | 80 | 85 | 90 | 95 | 100 | 105 | 110 | 115 | 120 | 125 | 130 | 135 | 140 | 145 | 150 | 155 | 160 |
| | $I_\theta$ | 129 | 124 | 121 | 121 | 122 | 122 | 116 | 103 | 88 | 75 | 60 | 45 | 18 | 19 | 6.4 | 0.8 | 0 |
| B—B | θ/(°) | 0 | 5 | 10 | 15 | 20 | 25 | 30 | 35 | 40 | 45 | 50 | 55 | 60 | 65 | 70 | 75 | 80 |
| | $I_\theta$ | 124 | 122 | 120 | 116 | 112 | 107 | 101 | 94 | 85 | 77 | 68 | 58 | 47 | 37 | 27 | 17 | 9 |
| | θ/(°) | 85 | 90 | | | | | | | | | | | | | | | |
| | $I_\theta$ | 2.8 | 0 | | | | | | | | | | | | | | | |

利用系数表 $L/h=1.0$

| 有效顶棚反射率% | 80 | | | | 70 | | | | 50 | | | | 30 | | | | 0 |
|---|---|---|---|---|---|---|---|---|---|---|---|---|---|---|---|---|---|
| 墙反射率/% | 70 | 50 | 30 | 10 | 70 | 50 | 30 | 10 | 70 | 50 | 30 | 10 | 70 | 50 | 30 | 10 | 0 |
| 室空间比 | | | | | | | | | | | | | | | | | |
| 1 | 0.75 | 0.71 | 0.67 | 0.63 | 0.67 | 0.63 | 0.60 | 0.57 | 0.59 | 0.56 | 0.54 | 0.52 | 0.52 | 0.50 | 0.48 | 0.46 | 0.43 |
| 2 | 0.68 | 0.61 | 0.55 | 0.50 | 0.60 | 0.54 | 0.50 | 0.46 | 0.53 | 0.48 | 0.45 | 0.41 | 0.46 | 0.43 | 0.40 | 0.37 | 0.34 |
| 3 | 0.61 | 0.53 | 0.46 | 0.41 | 0.54 | 0.47 | 0.42 | 0.38 | 0.47 | 0.42 | 0.38 | 0.34 | 0.41 | 0.37 | 0.34 | 0.31 | 0.28 |
| 4 | 0.56 | 0.46 | 0.39 | 0.34 | 0.49 | 0.41 | 0.36 | 0.31 | 0.43 | 0.37 | 0.32 | 0.28 | 0.37 | 0.33 | 0.29 | 0.26 | 0.23 |
| 5 | 0.51 | 0.41 | 0.34 | 0.29 | 0.45 | 0.37 | 0.31 | 0.26 | 0.39 | 0.33 | 0.28 | 0.24 | 0.34 | 0.29 | 0.25 | 0.22 | 0.20 |
| 6 | 0.47 | 0.37 | 0.30 | 0.25 | 0.41 | 0.33 | 0.27 | 0.23 | 0.36 | 0.29 | 0.25 | 0.21 | 0.32 | 0.26 | 0.22 | 0.19 | 0.17 |
| 7 | 0.43 | 0.33 | 0.26 | 0.21 | 0.38 | 0.30 | 0.24 | 0.20 | 0.33 | 0.26 | 0.22 | 0.18 | 0.29 | 0.24 | 0.20 | 0.16 | 0.14 |
| 8 | 0.40 | 0.29 | 0.23 | 0.18 | 0.35 | 0.27 | 0.21 | 0.17 | 0.31 | 0.19 | 0.24 | 0.16 | 0.27 | 0.21 | 0.17 | 0.14 | 0.12 |
| 9 | 0.37 | 0.27 | 0.20 | 0.16 | 0.33 | 0.24 | 0.19 | 0.15 | 0.29 | 0.22 | 0.17 | 0.14 | 0.25 | 0.19 | 0.15 | 0.12 | 0.11 |
| 10 | 0.34 | 0.24 | 0.17 | 0.13 | 0.30 | 0.21 | 0.16 | 0.12 | 0.26 | 0.19 | 0.15 | 0.11 | 0.23 | 0.17 | 0.13 | 0.10 | 0.09 |

## 筒式荧光灯　　附表11

筒式荧光灯
1×40W

配光曲线/cd
光源为1000lm

| 型　号 | | YG2-1 |
|---|---|---|
| 规格/mm | $L$ | 1280 |
| | $b$ | 168 |
| | $h$ | 90 |
| 保护角 | | 4.6° |
| 灯具效率 | | 88% |
| 上射光通比 | | 0 |
| 下射光通比 | | 88% |
| 最大允许 $L/h$ | | $A$—$A$　1.46 |
| | | $B$—$B$　1.28 |
| 灯具质量 | | 4.9kg |

| 发光强度值/cd | | | | | | | | | | | | | | | |
|---|---|---|---|---|---|---|---|---|---|---|---|---|---|---|---|
| $A$—$A$ | θ/(°) | 0 | 5 | 10 | 15 | 20 | 25 | 30 | 35 | 40 | 45 | 50 | 55 | 60 | 65 |
| | $I_\theta$ | 269 | 268 | 267 | 267 | 266 | 264 | 260 | 254 | 247 | 234 | 214 | 196 | 173 | 139 |
| | θ/(°) | 70 | 75 | 80 | 85 | 90 | | | | | | | | | |
| | $I_\theta$ | 102 | 65 | 31 | 6.7 | 0 | | | | | | | | | |
| $B$—$B$ | θ/(°) | 0 | 5 | 10 | 15 | 20 | 25 | 30 | 35 | 40 | 45 | 50 | 55 | 60 | 65 |
| | $I_\theta$ | 260 | 258 | 255 | 250 | 243 | 233 | 224 | 208 | 194 | 176 | 156 | 141 | 120 | 99 |
| | θ/(°) | 70 | 75 | 80 | 85 | 90 | | | | | | | | | |
| | $I_\theta$ | 77 | 54 | 31 | 8.8 | 0 | | | | | | | | | |

### 利用系数表　　$L/h=1.0$

| 有效顶棚反射率% | 80 | | | | 70 | | | | 50 | | | | 30 | | | | 0 |
|---|---|---|---|---|---|---|---|---|---|---|---|---|---|---|---|---|---|
| 墙反射率/% | 70 | 50 | 30 | 10 | 70 | 50 | 30 | 10 | 70 | 50 | 30 | 10 | 70 | 50 | 30 | 10 | 0 |
| 室空间比 | | | | | | | | | | | | | | | | | |
| 1 | 0.93 | 0.89 | 0.86 | 0.83 | 0.89 | 0.85 | 0.83 | 0.80 | 0.85 | 0.82 | 0.80 | 0.78 | 0.81 | 0.79 | 0.77 | 0.75 | 0.73 |
| 2 | 0.85 | 0.79 | 0.73 | 0.69 | 0.81 | 0.75 | 0.71 | 0.67 | 0.77 | 0.73 | 0.69 | 0.65 | 0.73 | 0.70 | 0.67 | 0.64 | 0.62 |
| 3 | 0.78 | 0.70 | 0.63 | 0.58 | 0.74 | 0.67 | 0.61 | 0.57 | 0.70 | 0.65 | 0.67 | 0.56 | 0.67 | 0.62 | 0.58 | 0.55 | 0.53 |
| 4 | 0.71 | 0.61 | 0.54 | 0.49 | 0.67 | 0.59 | 0.53 | 0.48 | 0.64 | 0.57 | 0.52 | 0.47 | 0.61 | 0.55 | 0.51 | 0.47 | 0.45 |
| 5 | 0.65 | 0.55 | 0.47 | 0.42 | 0.62 | 0.53 | 0.46 | 0.41 | 0.59 | 0.51 | 0.45 | 0.41 | 0.56 | 0.49 | 0.44 | 0.40 | 0.39 |
| 6 | 0.60 | 0.49 | 0.42 | 0.36 | 0.57 | 0.48 | 0.41 | 0.36 | 0.54 | 0.46 | 0.40 | 0.36 | 0.52 | 0.45 | 0.40 | 0.35 | 0.34 |
| 7 | 0.55 | 0.44 | 0.37 | 0.32 | 0.52 | 0.43 | 0.36 | 0.31 | 0.50 | 0.42 | 0.36 | 0.31 | 0.48 | 0.40 | 0.35 | 0.31 | 0.29 |
| 8 | 0.51 | 0.40 | 0.33 | 0.27 | 0.48 | 0.39 | 0.32 | 0.27 | 0.46 | 0.37 | 0.32 | 0.27 | 0.44 | 0.36 | 0.31 | 0.27 | 0.25 |
| 9 | 0.47 | 0.36 | 0.29 | 0.24 | 0.45 | 0.35 | 0.29 | 0.24 | 0.43 | 0.34 | 0.28 | 0.24 | 0.41 | 0.33 | 0.28 | 0.24 | 0.22 |
| 10 | 0.43 | 0.32 | 0.25 | 0.20 | 0.41 | 0.31 | 0.24 | 0.20 | 0.39 | 0.30 | 0.24 | 0.20 | 0.37 | 0.29 | 0.24 | 0.20 | 0.18 |

## 筒式荧光灯　　附表 12

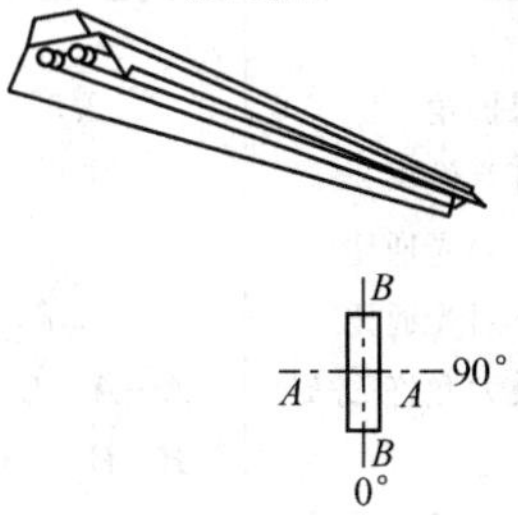

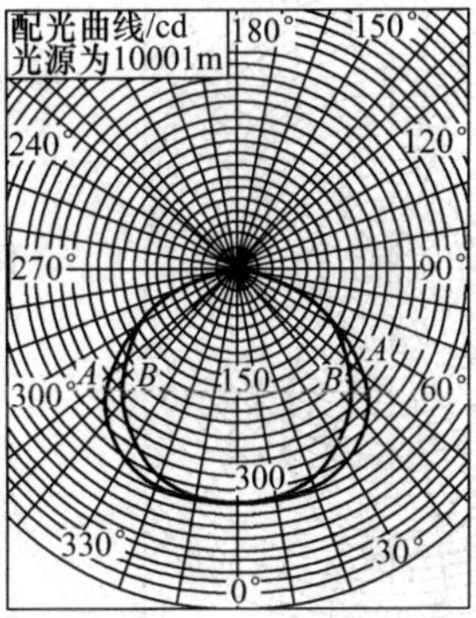

| 型号 | | YG2-2 |
|---|---|---|
| 规格/mm | $L$ | 1300 |
| | $b$ | 300 |
| | $h$ | 150 |
| 保护角 | | 12.5° |
| 灯具效率 | | 97% |
| 上射光通比 | | 0 |
| 下射光通比 | | 97% |
| 最大允许 $L/h$ | | $A$—$A$ 1.33 |
| | | $B$—$B$ 1.28 |
| 灯具质量 | | 7.2kg |

| 发光强度值/cd | | | | | | | | | | | | | | | |
|---|---|---|---|---|---|---|---|---|---|---|---|---|---|---|---|
| $A$—$A$ | $\theta$/(°) | 0 | 5 | 10 | 15 | 20 | 25 | 30 | 35 | 40 | 45 | 50 | 55 | 60 | 65 |
| | $I_\theta$ | 316 | 315 | 314 | 311 | 306 | 303 | 293 | 283 | 270 | 242 | 226 | 193 | 159 | 116 |
| | $\theta$/(°) | 70 | 75 | 80 | 85 | 90 | 95 | 100 | | | | | | | |
| | $I_\theta$ | 78 | 35 | 14 | 6.7 | 0.8 | 0.4 | 0 | | | | | | | |
| $B$—$B$ | $\theta$/(°) | 0 | 5 | 10 | 15 | 20 | 25 | 30 | 35 | 40 | 45 | 50 | 55 | 60 | 65 |
| | $I_\theta$ | 315 | 314 | 310 | 303 | 295 | 283 | 270 | 255 | 237 | 217 | 197 | 174 | 150 | 123 |
| | $\theta$/(°) | 70 | 75 | 80 | 85 | 90 | 95 | 100 | | | | | | | |
| | $I_\theta$ | 91 | 66 | 38 | 14 | 1.2 | 0.3 | 0 | | | | | | | |

### 利用系数表　　$L/h=1.0$

| 有效顶棚反射率% | 80 | | | | 70 | | | | 50 | | | | 30 | | | | 0 |
|---|---|---|---|---|---|---|---|---|---|---|---|---|---|---|---|---|---|
| 墙反射率/% | 70 | 50 | 30 | 10 | 70 | 50 | 30 | 10 | 70 | 50 | 30 | 10 | 70 | 50 | 30 | 10 | 0 |
| 室空间比 | | | | | | | | | | | | | | | | | |
| 1 | 0.14 | 1.00 | 0.96 | 0.93 | 0.99 | 0.96 | 0.93 | 0.90 | 0.94 | 0.92 | 0.89 | 0.87 | 0.90 | 0.88 | 0.86 | 0.85 | 0.83 |
| 2 | 0.95 | 0.88 | 0.83 | 0.78 | 0.91 | 0.85 | 0.80 | 0.76 | 0.86 | 0.82 | 0.78 | 0.74 | 0.83 | 0.79 | 0.76 | 0.73 | 0.71 |
| 3 | 0.87 | 0.79 | 0.72 | 0.67 | 0.83 | 0.76 | 0.70 | 0.65 | 0.79 | 0.73 | 0.68 | 0.64 | 0.76 | 0.71 | 0.67 | 0.63 | 0.61 |
| 4 | 0.80 | 0.70 | 0.62 | 0.57 | 0.76 | 0.67 | 0.61 | 0.56 | 0.72 | 0.65 | 0.60 | 0.55 | 0.69 | 0.63 | 0.58 | 0.54 | 0.52 |
| 5 | 0.74 | 0.63 | 0.55 | 0.49 | 0.70 | 0.60 | 0.54 | 0.48 | 0.67 | 0.59 | 0.52 | 0.48 | 0.64 | 0.57 | 0.51 | 0.47 | 0.45 |
| 6 | 0.68 | 0.56 | 0.48 | 0.43 | 0.65 | 0.55 | 0.48 | 0.42 | 0.62 | 0.53 | 0.47 | 0.42 | 0.59 | 0.52 | 0.46 | 0.42 | 0.40 |
| 7 | 0.63 | 0.51 | 0.43 | 0.37 | 0.60 | 0.49 | 0.42 | 0.37 | 0.57 | 0.48 | 0.41 | 0.37 | 0.54 | 0.47 | 0.41 | 0.36 | 0.34 |
| 8 | 0.58 | 0.46 | 0.38 | 0.32 | 0.55 | 0.44 | 0.37 | 0.32 | 0.53 | 0.43 | 0.37 | 0.32 | 0.50 | 0.42 | 0.36 | 0.32 | 0.30 |
| 9 | 0.54 | 0.42 | 0.34 | 0.29 | 0.51 | 0.40 | 0.33 | 0.29 | 0.49 | 0.39 | 0.33 | 0.28 | 0.47 | 0.38 | 0.33 | 0.28 | 0.26 |
| 10 | 0.49 | 0.36 | 0.29 | 0.24 | 0.46 | 0.35 | 0.28 | 0.24 | 0.44 | 0.34 | 0.28 | 0.23 | 0.42 | 0.34 | 0.28 | 0.23 | 0.22 |

## 嵌入式格栅荧光灯　　附表 13

嵌入式格栅荧光灯
(带凸式塑料格栅)
3×40W

配光曲线/cd
光源为1000lm

| 型　号 | | YG701-3 |
|---|---|---|
| 规格/mm | $L$ | 1320 |
| | $b$ | 300 |
| | $h$ | 250 |
| 保护角 | | 32.5° |
| 灯具效率 | | 46% |
| 上射光通比 | | 0 |
| 下射光通比 | | 46% |
| 最大允许 $L/h$ | | $A$—$A$ 1.12 |
| | | $B$—$B$ 1.05 |
| 灯具质量 | | 14.2kg |

| 发光强度值/cd | | | | | | | | | | | | | | | |
|---|---|---|---|---|---|---|---|---|---|---|---|---|---|---|---|
| $A$—$A$ | $\theta$/(°) | 0 | 5 | 10 | 15 | 20 | 25 | 30 | 35 | 40 | 45 | 50 | 55 | 60 | 65 |
| | $I_\theta$ | 238 | 236 | 230 | 224 | 209 | 191 | 176 | 159 | 130 | 108 | 85 | 62 | 48 | 37 |
| | $\theta$/(°) | 70 | 75 | 80 | 85 | 90 | 95 | | | | | | | | |
| | $I_\theta$ | 28 | 19 | 11 | 4.9 | 0.6 | 0 | | | | | | | | |
| $B$—$B$ | $\theta$/(°) | 0 | 5 | 10 | 15 | 20 | 25 | 30 | 35 | 40 | 45 | 50 | 55 | 60 | 65 |
| | $I_\theta$ | 228 | 224 | 217 | 205 | 192 | 177 | 159 | 145 | 127 | 107 | 88 | 67 | 51 | 39 |
| | $\theta$/(°) | 70 | 75 | 80 | 85 | 90 | 95 | | | | | | | | |
| | $I_\theta$ | 29 | 20 | 12 | 5.6 | 0.4 | 0 | | | | | | | | |

### 利用系数表　　$L/h$=0.7

| 有效顶棚反射率/% | 80 | | | | 70 | | | | 50 | | | | 30 | | | | 0 |
|---|---|---|---|---|---|---|---|---|---|---|---|---|---|---|---|---|---|
| 墙反射率/% | 70 | 50 | 30 | 10 | 70 | 50 | 30 | 10 | 70 | 50 | 30 | 10 | 70 | 50 | 30 | 10 | 0 |
| 室空间比 | | | | | | | | | | | | | | | | | |
| 1 | 0.51 | 0.49 | 0.48 | 0.46 | 0.50 | 0.48 | 0.47 | 0.45 | 0.48 | 0.46 | 0.45 | 0.44 | 0.46 | 0.44 | 0.43 | 0.43 | 0.40 |
| 2 | 0.47 | 0.44 | 0.42 | 0.40 | 0.46 | 0.43 | 0.41 | 0.39 | 0.44 | 0.42 | 0.40 | 0.38 | 0.42 | 0.40 | 0.39 | 0.37 | 0.36 |
| 3 | 0.44 | 0.40 | 0.37 | 0.34 | 0.43 | 0.39 | 0.36 | 0.34 | 0.41 | 0.38 | 0.35 | 0.33 | 0.39 | 0.37 | 0.34 | 0.33 | 0.31 |
| 4 | 0.41 | 0.36 | 0.33 | 0.30 | 0.40 | 0.36 | 0.32 | 0.30 | 0.38 | 0.34 | 0.32 | 0.29 | 0.36 | 0.33 | 0.31 | 0.29 | 0.28 |
| 5 | 0.38 | 0.33 | 0.29 | 0.26 | 0.37 | 0.32 | 0.29 | 0.26 | 0.35 | 0.31 | 0.28 | 0.26 | 0.34 | 0.30 | 0.28 | 0.26 | 0.25 |
| 6 | 0.35 | 0.30 | 0.26 | 0.23 | 0.34 | 0.29 | 0.26 | 0.23 | 0.33 | 0.28 | 0.25 | 0.23 | 0.31 | 0.28 | 0.25 | 0.23 | 0.22 |
| 7 | 0.32 | 0.27 | 0.23 | 0.21 | 0.32 | 0.26 | 0.23 | 0.20 | 0.30 | 0.26 | 0.23 | 0.20 | 0.29 | 0.25 | 0.22 | 0.20 | 0.19 |
| 8 | 0.30 | 0.25 | 0.21 | 0.18 | 0.30 | 0.24 | 0.21 | 0.18 | 0.23 | 0.24 | 0.20 | 0.18 | 0.27 | 0.23 | 0.20 | 0.18 | 0.17 |
| 9 | 0.28 | 0.22 | 0.19 | 0.16 | 0.28 | 0.22 | 0.19 | 0.16 | 0.26 | 0.22 | 0.18 | 0.16 | 0.25 | 0.21 | 0.18 | 0.16 | 0.15 |
| 10 | 0.26 | 0.20 | 0.17 | 0.15 | 0.26 | 0.20 | 0.17 | 0.15 | 0.25 | 0.20 | 0.17 | 0.15 | 0.24 | 0.19 | 0.17 | 0.15 | 0.14 |

## 嵌入式格栅荧光灯　　附表 14

嵌入式荧光灯
带铝格栅2×40W

配光曲线/cd
光源为1000lm

| 型号 | | YG15-2 |
|---|---|---|
| 规格/mm | $L$ | 1300 |
| | $b$ | 300 |
| | $h$ | 180 |
| 保护角 | | 31° |
| 灯具效率 | | 63% |
| 上射光通比 | | 0 |
| 下射光通比 | | 63% |
| 最大允许 $L/h$ | | $A$—$A$　1.25 |
| | | $B$—$B$　1.20 |
| 灯具质量 | | 12.6kg |

| 发光强度值/cd | | | | | | | | | | | | | | | | |
|---|---|---|---|---|---|---|---|---|---|---|---|---|---|---|---|---|
| | $A$—$A$ | $\theta$/(°) | 0 | 5 | 10 | 15 | 20 | 25 | 30 | 35 | 40 | 45 | 50 | 55 | 60 | 65 |
| | | $I_\theta$ | 247 | 243 | 236 | 232 | 226 | 221 | 210 | 199 | 186 | 173 | 155 | 136 | 114 | 85 |
| | | $\theta$/(°) | 70 | 75 | 80 | 85 | 90 | | | | | | | | | |
| | | $I_\theta$ | 61 | 34 | 15 | 3.6 | 0 | | | | | | | | | |
| | $B$—$B$ | $\theta$/(°) | 0 | 5 | 10 | 15 | 20 | 25 | 30 | 35 | 40 | 45 | 50 | 55 | 60 | 65 |
| | | $I_\theta$ | 239 | 237 | 231 | 224 | 215 | 204 | 192 | 178 | 162 | 145 | 126 | 107 | 84 | 63 |
| | | $\theta$/(°) | 70 | 75 | 80 | 85 | 90 | | | | | | | | | |
| | | $I_\theta$ | 45 | 28 | 13 | 3.4 | 0 | | | | | | | | | |

利用系数表　　$L/h$=0.7

| 有效顶棚反射率% | 80 | | | | 70 | | | | 50 | | | | 30 | | | | 0 |
|---|---|---|---|---|---|---|---|---|---|---|---|---|---|---|---|---|---|
| 墙反射率/% | 70 | 50 | 30 | 10 | 70 | 50 | 30 | 10 | 70 | 50 | 30 | 10 | 70 | 50 | 30 | 10 | 0 |
| 室空间比 | | | | | | | | | | | | | | | | | |
| 1 | 0.69 | 0.67 | 0.64 | 0.62 | 0.68 | 0.65 | 0.63 | 0.61 | 0.65 | 0.63 | 0.61 | 0.59 | 0.62 | 0.60 | 0.59 | 0.57 | 0.55 |
| 2 | 0.64 | 0.59 | 0.56 | 0.52 | 0.62 | 0.58 | 0.55 | 0.52 | 0.59 | 0.56 | 0.53 | 0.51 | 0.57 | 0.54 | 0.52 | 0.49 | 0.47 |
| 3 | 0.59 | 0.53 | 0.48 | 0.44 | 0.57 | 0.52 | 0.47 | 0.44 | 0.54 | 0.50 | 0.46 | 0.43 | 0.52 | 0.48 | 0.45 | 0.42 | 0.40 |
| 4 | 0.54 | 0.47 | 0.42 | 0.38 | 0.53 | 0.46 | 0.42 | 0.38 | 0.50 | 0.45 | 0.41 | 0.38 | 0.48 | 0.43 | 0.40 | 0.37 | 0.35 |
| 5 | 0.50 | 0.42 | 0.37 | 0.33 | 0.49 | 0.42 | 0.37 | 0.33 | 0.46 | 0.40 | 0.36 | 0.33 | 0.44 | 0.39 | 0.35 | 0.32 | 0.31 |
| 6 | 0.46 | 0.38 | 0.32 | 0.29 | 0.45 | 0.37 | 0.32 | 0.29 | 0.43 | 0.36 | 0.32 | 0.28 | 0.41 | 0.35 | 0.31 | 0.28 | 0.27 |
| 7 | 0.42 | 0.34 | 0.28 | 0.25 | 0.41 | 0.33 | 0.28 | 0.25 | 0.39 | 0.32 | 0.28 | 0.24 | 0.37 | 0.31 | 0.27 | 0.24 | 0.23 |
| 8 | 0.39 | 0.31 | 0.25 | 0.22 | 0.38 | 0.30 | 0.25 | 0.22 | 0.36 | 0.29 | 0.25 | 0.22 | 0.35 | 0.29 | 0.24 | 0.21 | 0.20 |
| 9 | 0.36 | 0.28 | 0.23 | 0.19 | 0.35 | 0.27 | 0.22 | 0.19 | 0.34 | 0.27 | 0.22 | 0.19 | 0.32 | 0.26 | 0.22 | 0.19 | 0.18 |
| 10 | 0.33 | 0.25 | 0.20 | 0.17 | 0.33 | 0.25 | 0.20 | 0.17 | 0.31 | 0.24 | 0.20 | 0.17 | 0.30 | 0.24 | 0.20 | 0.17 | 0.16 |

## 搪瓷配照卤钨灯

附表 15

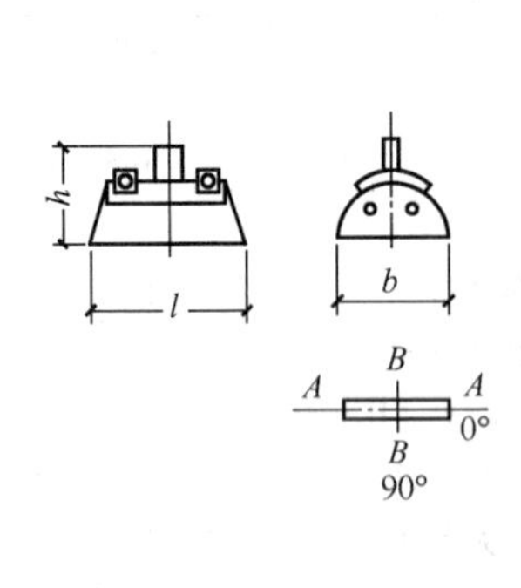


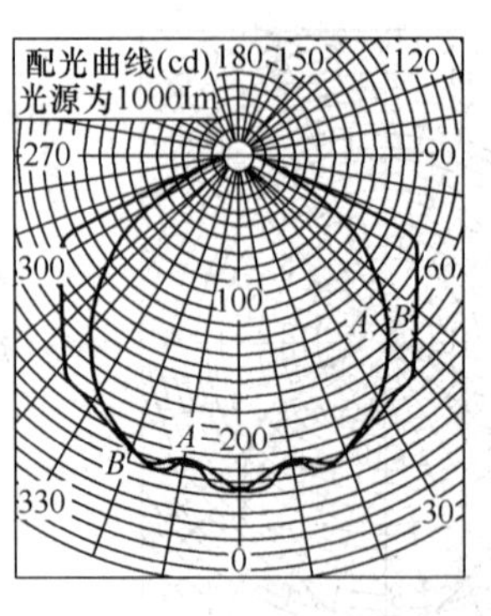


| 型号 | | LTP-1000-1 |
|---|---|---|
| 规格(mm) | L | 370 |
| | h | 230 |
| | b | 270 |
| 光源 | | 卤钨灯 1000W |
| 保护角 | | 26.4° |
| 灯具效率 | | 71.7% |
| 上射光通比 | | 0 |
| 下射光通比 | | 71.7% |
| 最大允许 $L/h$ | | A—A 1.2 |
| | | B—B 1.3 |

发光强度值($cd$)

| A—A | | | | B—B | | | |
|---|---|---|---|---|---|---|---|
| $\theta°$ | $I_\theta$ | $\theta°$ | $I_\theta$ | $\theta°$ | $I_\theta$ | $\theta°$ | $I_\theta$ |
| 0 | 239 | 70 | 43 | 0 | 239 | 70 | 0 |
| 5 | 226 | 75 | 21 | 5 | 233 | 75 | |
| 10 | 218 | 80 | 0 | 10 | 220 | 80 | |
| 15 | 226 | 85 | | 15 | 231 | 85 | |
| 20 | 220 | 90 | | 20 | 220 | 90 | |
| 25 | 207 | | | 25 | 217 | | |
| 30 | 196 | | | 30 | 206 | | |
| 35 | 182 | | | 35 | 198 | | |
| 40 | 161 | | | 40 | 191 | | |
| 45 | 143 | | | 45 | 176 | | |
| 50 | 121 | | | 50 | 169 | | |
| 55 | 99 | | | 55 | 154 | | |
| 60 | 79 | | | 60 | 148 | | |
| 65 | 64 | | | 65 | 140 | | |

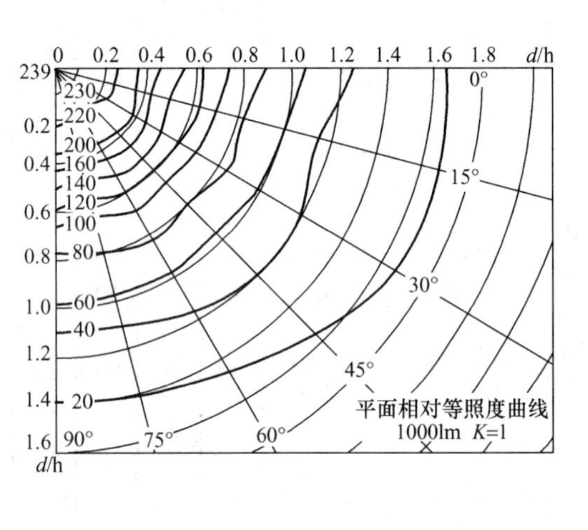


利用系数表 $L/h=0.9$

| 有效顶棚反射率% | 70 | | | | 50 | | | | 30 | | | | 10 | | | | 0 |
|---|---|---|---|---|---|---|---|---|---|---|---|---|---|---|---|---|---|
| 墙反射率(%) | 70 | 50 | 30 | 10 | 70 | 50 | 30 | 10 | 70 | 50 | 30 | 10 | 70 | 50 | 30 | 10 | 0 |
| 室空间比 | | | | | | | | | | | | | | | | | |
| 1 | 0.74 | 0.71 | 0.67 | 0.64 | 0.71 | 0.68 | 0.65 | 0.62 | 0.67 | 0.65 | 0.62 | 0.60 | 0.64 | 0.62 | 0.60 | 0.59 | 0.57 |
| 2 | 0.68 | 0.62 | 0.58 | 0.54 | 0.65 | 0.60 | 0.56 | 0.52 | 0.61 | 0.58 | 0.54 | 0.51 | 0.58 | 0.55 | 0.53 | 0.50 | 0.48 |
| 3 | 0.62 | 0.55 | 0.50 | 0.45 | 0.59 | 0.53 | 0.48 | 0.45 | 0.56 | 0.51 | 0.47 | 0.44 | 0.53 | 0.49 | 0.46 | 0.43 | 0.41 |
| 4 | 0.57 | 0.49 | 0.43 | 0.39 | 0.54 | 0.48 | 0.42 | 0.38 | 0.52 | 0.46 | 0.41 | 0.38 | 0.49 | 0.44 | 0.40 | 0.37 | 0.36 |
| 5 | 0.53 | 0.44 | 0.38 | 0.34 | 0.50 | 0.43 | 0.37 | 0.33 | 0.48 | 0.41 | 0.37 | 0.33 | 0.45 | 0.40 | 0.36 | 0.33 | 0.31 |
| 6 | 0.49 | 0.40 | 0.34 | 0.29 | 0.46 | 0.39 | 0.33 | 0.29 | 0.44 | 0.37 | 0.33 | 0.29 | 0.42 | 0.36 | 0.32 | 0.29 | 0.27 |
| 7 | 0.45 | 0.36 | 0.30 | 0.26 | 0.43 | 0.35 | 0.30 | 0.26 | 0.41 | 0.34 | 0.29 | 0.26 | 0.39 | 0.33 | 0.29 | 0.25 | 0.24 |
| 8 | 0.42 | 0.33 | 0.27 | 0.23 | 0.40 | 0.32 | 0.26 | 0.22 | 0.38 | 0.31 | 0.26 | 0.22 | 0.36 | 0.30 | 0.25 | 0.22 | 0.21 |
| 9 | 0.39 | 0.30 | 0.24 | 0.20 | 0.37 | 0.29 | 0.24 | 0.20 | 0.35 | 0.28 | 0.23 | 0.20 | 0.34 | 0.27 | 0.23 | 0.20 | 0.18 |
| 10 | 0.36 | 0.27 | 0.21 | 0.18 | 0.34 | 0.26 | 0.21 | 0.18 | 0.33 | 0.26 | 0.21 | 0.17 | 0.31 | 0.25 | 0.21 | 0.17 | 0.16 |

## 搪瓷深照卤钨灯　　　　附表 16

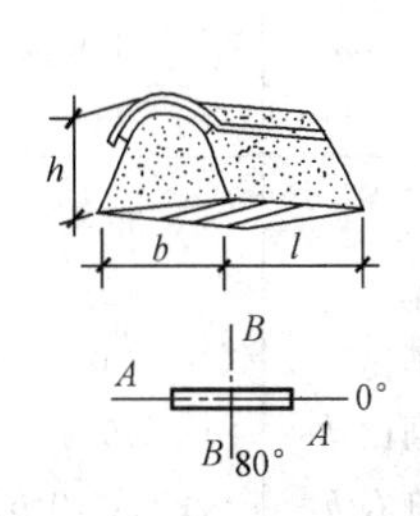


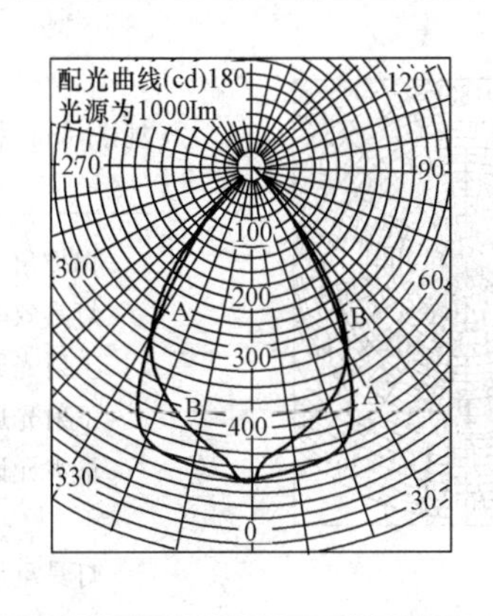


| 型号名称 | | LTS-1000-1 |
|---|---|---|
| 规格（mm） | $L$ | 529 |
| | $h$ | 420 |
| | $b$ | 520 |
| 光源 | | 卤钨灯 1000W |
| 保护角 | | 54.6° |
| 灯具效率 | | 55.1% |
| 上射光通比 | | 0 |
| 下射光通比 | | 55.1% |
| 最大允许 $L/h$ | | A—A 1.06<br>B—B 1.0 |

发光强度值（cd）

| A—A | | | | B—B | | | |
|---|---|---|---|---|---|---|---|
| θ° | $I_θ$ | θ° | $I_θ$ | θ° | $I_θ$ | θ° | $I_θ$ |
| 0 | 487 | 70 | | 0 | 487 | 70 | |
| 5 | 477 | 75 | | 5 | 442 | 75 | |
| 10 | 473 | 80 | | 10 | 432 | 80 | |
| 15 | 468 | 85 | | 15 | 417 | 85 | |
| 20 | 461 | 90 | | 20 | 383 | 90 | |
| 25 | 410 | | | 25 | 355 | | |
| 30 | 310 | | | 30 | 317 | | |
| 35 | 173 | | | 35 | 191 | | |
| 40 | 115 | | | 40 | 101 | | |
| 45 | 71 | | | 45 | 70 | | |
| 50 | 51 | | | 50 | 21 | | |
| 55 | 20 | | | 55 | 0 | | |
| 60 | 0 | | | 60 | | | |
| 65 | | | | 65 | | | |

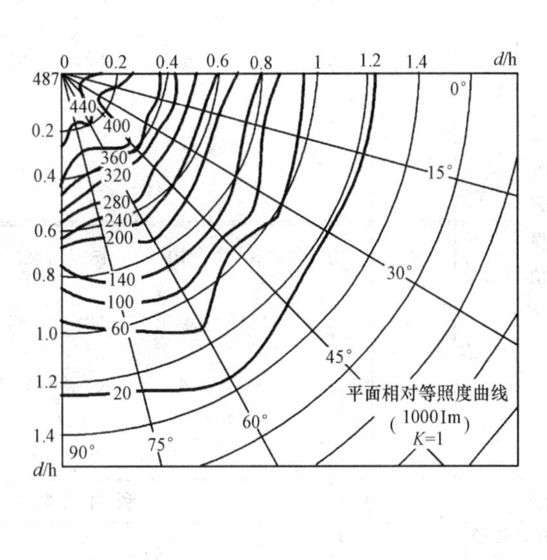


利用系数表　　$L/h$=0.9

| 有效顶棚反射率% | 70 | | | | 50 | | | | 30 | | | | 10 | | | | 0 |
|---|---|---|---|---|---|---|---|---|---|---|---|---|---|---|---|---|---|
| 墙反射率（%） | 70 | 50 | 30 | 10 | 70 | 50 | 30 | 10 | 70 | 50 | 30 | 10 | 70 | 50 | 30 | 10 | 0 |
| 室空间比 | | | | | | | | | | | | | | | | | |
| 1 | 0.58 | 0.56 | 0.54 | 0.52 | 0.55 | 0.53 | 0.52 | 0.50 | 0.53 | 0.51 | 0.50 | 0.48 | 0.51 | 0.49 | 0.48 | 0.47 | 0.46 |
| 2 | 0.56 | 0.53 | 0.50 | 0.48 | 0.54 | 0.51 | 0.49 | 0.47 | 0.51 | 0.49 | 0.48 | 0.46 | 0.49 | 0.48 | 0.46 | 0.45 | 0.44 |
| 3 | 0.54 | 0.50 | 0.47 | 0.45 | 0.52 | 0.49 | 0.46 | 0.44 | 0.50 | 0.47 | 0.45 | 0.43 | 0.48 | 0.46 | 0.44 | 0.43 | 0.42 |
| 4 | 0.51 | 0.47 | 0.44 | 0.42 | 0.49 | 0.46 | 0.43 | 0.41 | 0.48 | 0.45 | 0.43 | 0.41 | 0.46 | 0.44 | 0.42 | 0.40 | 0.39 |
| 5 | 0.49 | 0.45 | 0.42 | 0.39 | 0.48 | 0.44 | 0.41 | 0.39 | 0.46 | 0.43 | 0.41 | 0.39 | 0.45 | 0.42 | 0.40 | 0.38 | 0.37 |
| 6 | 0.47 | 0.42 | 0.39 | 0.37 | 0.46 | 0.42 | 0.39 | 0.37 | 0.44 | 0.41 | 0.38 | 0.36 | 0.43 | 0.40 | 0.38 | 0.36 | 0.35 |
| 7 | 0.45 | 0.40 | 0.37 | 0.35 | 0.44 | 0.40 | 0.37 | 0.35 | 0.43 | 0.39 | 0.36 | 0.35 | 0.41 | 0.38 | 0.36 | 0.34 | 0.34 |
| 8 | 0.43 | 0.38 | 0.35 | 0.33 | 0.42 | 0.38 | 0.35 | 0.33 | 0.41 | 0.37 | 0.34 | 0.33 | 0.40 | 0.36 | 0.34 | 0.32 | 0.32 |
| 9 | 0.41 | 0.36 | 0.33 | 0.31 | 0.40 | 0.36 | 0.33 | 0.31 | 0.39 | 0.35 | 0.32 | 0.31 | 0.38 | 0.35 | 0.32 | 0.31 | 0.30 |
| 10 | 0.39 | 0.34 | 0.31 | 0.29 | 0.38 | 0.34 | 0.31 | 0.29 | 0.37 | 0.33 | 0.31 | 0.29 | 0.36 | 0.33 | 0.30 | 0.29 | 0.28 |

## 简式双层卤钨灯　　附表17

简式双层卤钨灯
卤钨灯1000W

配光曲线(cd)
光源为1000Lm

| 型号 | | DD6-100 |
|---|---|---|
| 规格（mm） | L | 300 |
| | b | 105 |
| | h | 110 |
| 保护角 | | 39.4° |
| 灯具效率 | | 79% |
| 上射光通比 | | 0 |
| 下射光通比 | | 79% |
| 最大允许 L/h | | A—A　0.62 |
| | | B—B　1.33 |
| 灯具重量 | | 0.4kg |

| 发光强度值(cd) | | | | | | | | | | | |
|---|---|---|---|---|---|---|---|---|---|---|---|
| A—A | θ° | 0 | 5 | 10 | 15 | 20 | 25 | 30 | 35 | 40 | 45 |
| | $I_\theta$ | 469 | 849 | 803 | 352 | 191 | 162 | 143 | 133 | 115 | 0 |
| B—B | θ° | 0 | 5 | 10 | 15 | 20 | 25 | 30 | 35 | 40 | 45 |
| | $I_\theta$ | 469 | 449 | 440 | 458 | 455 | 434 | 423 | 406 | 374 | 344 |
| | θ° | 50 | 55 | 60 | 65 | 70 | 75 | 80 | 85 | | |
| | $I_\theta$ | 303 | 263 | 232 | 189 | 141 | 58 | 46 | 0 | | |

利用系数表　　L/h=0.4

| 有效顶棚反射率% | 70 | | | | 50 | | | | 30 | | | | 10 | | | | 0 |
|---|---|---|---|---|---|---|---|---|---|---|---|---|---|---|---|---|---|
| 墙反射率/% | 70 | 50 | 30 | 10 | 70 | 50 | 30 | 10 | 70 | 50 | 30 | 10 | 70 | 50 | 30 | 10 | 0 |
| 室空间比 | | | | | | | | | | | | | | | | | |
| 1 | 0.88 | 0.85 | 0.83 | 0.82 | 0.84 | 0.82 | 0.81 | 0.79 | 0.81 | 0.79 | 0.78 | 0.71 | 0.78 | 0.76 | 0.75 | 0.74 | 0.73 |
| 2 | 0.83 | 0.79 | 0.75 | 0.72 | 0.79 | 0.76 | 0.73 | 0.71 | 0.76 | 0.73 | 0.71 | 0.69 | 0.73 | 0.71 | 0.69 | 0.68 | 0.66 |
| 3 | 0.78 | 0.72 | 0.68 | 0.65 | 0.75 | 0.70 | 0.67 | 0.64 | 0.72 | 0.68 | 0.65 | 0.63 | 0.69 | 0.66 | 0.64 | 0.62 | 0.60 |
| 4 | 0.73 | 0.67 | 0.62 | 0.58 | 0.70 | 0.65 | 0.61 | 0.58 | 0.68 | 0.63 | 0.60 | 0.57 | 0.65 | 0.62 | 0.59 | 0.56 | 0.55 |
| 5 | 0.68 | 0.61 | 0.56 | 0.52 | 0.66 | 0.60 | 0.55 | 0.52 | 0.63 | 0.58 | 0.54 | 0.51 | 0.61 | 0.57 | 0.54 | 0.51 | 0.50 |
| 6 | 0.64 | 0.57 | 0.52 | 0.48 | 0.62 | 0.56 | 0.51 | 0.48 | 0.60 | 0.54 | 0.50 | 0.47 | 0.58 | 0.53 | 0.50 | 0.47 | 0.46 |
| 7 | 0.60 | 0.52 | 0.47 | 0.44 | 0.58 | 0.51 | 0.47 | 0.43 | 0.56 | 0.50 | 0.46 | 0.43 | 0.55 | 0.49 | 0.46 | 0.43 | 0.41 |
| 8 | 0.56 | 0.48 | 0.43 | 0.39 | 0.55 | 0.47 | 0.43 | 0.39 | 0.53 | 0.46 | 0.42 | 0.39 | 0.51 | 0.46 | 0.42 | 0.39 | 0.38 |
| 9 | 0.53 | 0.45 | 0.40 | 0.36 | 0.51 | 0.44 | 0.39 | 0.36 | 0.50 | 0.43 | 0.39 | 0.36 | 0.48 | 0.43 | 0.39 | 0.36 | 0.35 |
| 10 | 0.49 | 0.41 | 0.36 | 0.32 | 0.48 | 0.40 | 0.35 | 0.32 | 0.46 | 0.40 | 0.35 | 0.32 | 0.45 | 0.39 | 0.35 | 0.32 | 0.31 |

## 吸顶式荧光灯　　附表 18

吸顶式荧光灯
2×40W

配光曲线（cd）
光源为1000Lm

| 型号 | | YG6-2 |
|---|---|---|
| 规格（mm） | $L$ | 1334 |
| | $b$ | 230 |
| | $h$ | 120 |
| 保护角 | | — |
| 灯具效率 | | 86% |
| 上射光通比 | | 22% |
| 下射光通比 | | 64% |
| 最大允许 $L/h$ | | $A$—$A$　1.48 |
| | | $B$—$B$　1.22 |
| 灯具重量 | | 8.5kg |

| 发光强度值（$cd$） | | | | | | | | | | | | | | | | | | | |
|---|---|---|---|---|---|---|---|---|---|---|---|---|---|---|---|---|---|---|---|
| $A$—$A$ | $\theta°$ | 0 | 5 | 10 | 15 | 20 | 25 | 30 | 35 | 40 | 45 | 50 | 55 | 60 | 65 | 70 | 75 | 80 |
| | $I_\theta$ | 173 | 173 | 173 | 173 | 173 | 172 | 171 | 166 | 157 | 146 | 135 | 125 | 115 | 108 | 105 | 104 | 102 |
| | $\theta°$ | 85 | 90 | 95 | 100 | 105 | 110 | 115 | 120 | 125 | 130 | 135 | 140 | 145 | 150 | 155 | 160 | 165 |
| | $I_\theta$ | 99 | 95 | 92 | 90 | 88 | 84 | 81 | 77 | 73 | 69 | 65 | 55 | 40 | 25 | 9.5 | 0.9 | 0 |
| $B$—$B$ | $\theta°$ | 0 | 5 | 10 | 15 | 20 | 25 | 30 | 35 | 40 | 45 | 50 | 55 | 60 | 65 | 70 | 75 | 80 |
| | $I_\theta$ | 165 | 164 | 162 | 158 | 153 | 146 | 138 | 128 | 118 | 107 | 94 | 81 | 67 | 52 | 39 | 26 | 14 |
| | $\theta°$ | 85 | 90 | | | | | | | | | | | | | | | |
| | $I_\theta$ | 48 | 0 | | | | | | | | | | | | | | | |

利用系数表　　$L/h$=1.0

| 有效顶棚反射率% | 80 | | | | 70 | | | | 50 | | | | 30 | | | | 0 |
|---|---|---|---|---|---|---|---|---|---|---|---|---|---|---|---|---|---|
| 墙反射率/% | 70 | 50 | 30 | 10 | 70 | 50 | 30 | 10 | 70 | 50 | 30 | 10 | 70 | 50 | 30 | 10 | 0 |
| 室空间比 | | | | | | | | | | | | | | | | | |
| 1 | 0.87 | 0.82 | 0.77 | 0.73 | 0.82 | 0.78 | 0.74 | 0.70 | 0.73 | 0.70 | 0.67 | 0.64 | 0.65 | 0.63 | 0.60 | 0.58 | 0.49 |
| 2 | 0.79 | 0.71 | 0.64 | 0.59 | 0.74 | 0.67 | 0.62 | 0.57 | 0.66 | 0.61 | 0.56 | 0.52 | 0.59 | 0.54 | 0.51 | 0.48 | 0.40 |
| 3 | 0.72 | 0.62 | 0.55 | 0.49 | 0.68 | 0.59 | 0.53 | 0.47 | 0.60 | 0.53 | 0.48 | 0.44 | 0.53 | 0.48 | 0.44 | 0.40 | 0.34 |
| 4 | 0.65 | 0.55 | 0.47 | 0.41 | 0.62 | 0.52 | 0.45 | 0.40 | 0.55 | 0.47 | 0.41 | 0.37 | 0.49 | 0.43 | 0.38 | 0.34 | 0.28 |
| 5 | 0.60 | 0.49 | 0.41 | 0.35 | 0.56 | 0.46 | 0.39 | 0.34 | 0.50 | 0.42 | 0.36 | 0.31 | 0.45 | 0.38 | 0.33 | 0.29 | 0.24 |
| 6 | 0.55 | 0.44 | 0.36 | 0.30 | 0.52 | 0.42 | 0.35 | 0.29 | 0.46 | 0.38 | 0.32 | 0.27 | 0.41 | 0.34 | 0.29 | 0.25 | 0.21 |
| 7 | 0.51 | 0.39 | 0.32 | 0.26 | 0.48 | 0.37 | 0.30 | 0.25 | 0.43 | 0.34 | 0.28 | 0.24 | 0.38 | 0.31 | 0.26 | 0.22 | 0.18 |
| 8 | 0.47 | 0.35 | 0.28 | 0.23 | 0.44 | 0.34 | 0.27 | 0.22 | 0.40 | 0.31 | 0.25 | 0.21 | 0.35 | 0.28 | 0.23 | 0.19 | 0.16 |
| 9 | 0.44 | 0.32 | 0.25 | 0.20 | 0.41 | 0.31 | 0.24 | 0.19 | 0.37 | 0.28 | 0.22 | 0.18 | 0.33 | 0.26 | 0.21 | 0.17 | 0.14 |
| 10 | 0.40 | 0.28 | 0.21 | 0.17 | 0.38 | 0.27 | 0.21 | 0.16 | 0.34 | 0.25 | 0.19 | 0.15 | 0.30 | 0.22 | 0.18 | 0.14 | 0.11 |

# 主 要 参 考 文 献

[1] 韦课堂. 电气照明技术基础与设计. 北京：水力电力出版社，1983.
[2] 李树阁，张书鸿. 灯光装饰艺术. 沈阳：辽宁科学技术出版社，1995.
[3] 陈一才. 装饰与艺术照明设计安装手册. 北京：中国建筑工业出版社，1991.
[4] 电气工程标准规范综合应用手册(上册). 北京：中国建筑工业出版社，1994.
[5] 陈晓丰. 筑设与装饰照明手册. 北京：中国建筑工业出版社，1995.
[6] 最新建筑高级装饰实用全书. 北京：中国建筑工业出版社，1998.
[7] 万恒祥. 电工与电气设备. 北京：中国建筑工业出版社，1993.
[8] 蔡秀丽. 建筑设备工程(第二版). 北京：科学出版社，2004.
[9] 崔莉. 建筑设备. 北京：机械工业出版社，2001.
[10] 王东萍. 建筑设备工程. 哈尔滨：哈尔滨工业大学出版社，2002.
[11] 韦节廷. 建筑设备工程. 武汉：武汉工业大学出版社，1999.
[12] 王付，杨师斌. 建筑设备.
[13] 图片由北京圆洲装饰集团提供.